今すぐ使える かんたん

Lightroom
RAW現像入門

Lightroom Classic CC / Lightroom CC 対応版

技術評論社

本書の使い方

- 本書では、画面を使った操作の手順を追うだけで、Adobe Lightroom Classic CC／CCの各機能の使い方がわかるようになっています。
- 各機能を実際に試してみたい場合は、サンプルファイルをダウンロードして利用することができます（P.14参照）。

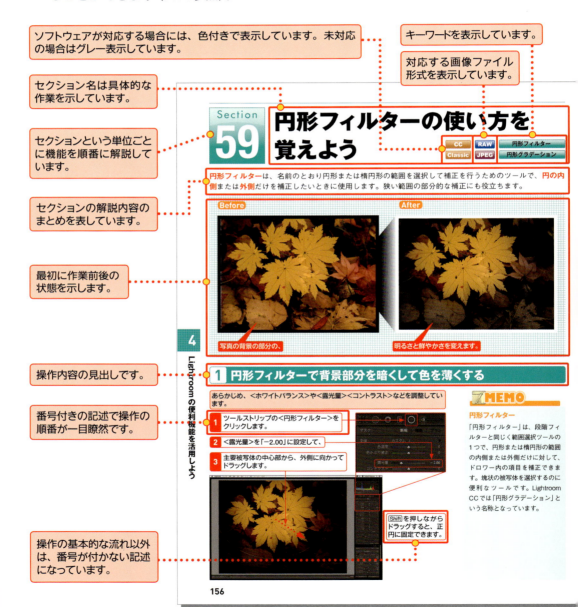

ソフトウェアが対応する場合には、色付きで表示しています。未対応の場合はグレー表示しています。

キーワードを表示しています。

対応する画像ファイル形式を表示しています。

セクション名は具体的な作業を示しています。

セクションという単位ごとに機能を順番に解説しています。

セクションの解説内容のまとめを表しています。

最初に作業前後の状態を示します。

操作内容の見出しです。

番号付きの記述で操作の順番が一目瞭然です。

操作の基本的な流れ以外は、番号が付かない記述になっています。

薄くてやわらかい上質な紙を使っているので、**開いたら閉じにくい書籍**になっています！

頁の端には、次の5種類の「解説」を配置しています。

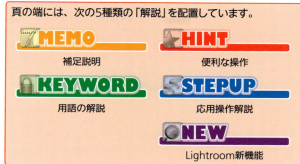

読者が抱く小さな疑問を予測して、できるだけていねいに解説しています。

大きな画面で該当個所がよくわかるようになっています！

頁上部には、セクション名とセクション番号を表示しています。

章が探しやすいように、頁の両側に章の見出しを表示しています。

側注以外に図解などが必要な場合は枠外の「解説」として説明しています。

かんたん Lightroom RAW現像 入門

目次

体験版のダウンロードとインストール【Windows ／ Mac 共通】 … 10

第1章　Lightroomの基本を知ろう　15

Section01	Lightroomとは	16
Section02	Lightroom Classic CCと Lightroom CCの違い	22
Section03	Lightroom Classic CCと Lightroom CCの新機能	26
Section04	Lightroomの起動と終了	32
Section05	カタログやライブラリに写真を読み込もう	34
Section06	Lightroom CCの画面とパネル	36
Section07	モバイル版のLightroom CCについて	40
Section08	Lightroom Classic CCの画面の切り替え方	42
Section09	新しいカタログファイルを作成しよう	46
Section10	ライブラリモジュールの各部の機能を知ろう	48
Section11	現像モジュールの各部の機能を知ろう	52
Section12	現像モジュールでの基本的な操作を覚えよう	56
Section13	補正の前後やほかの写真と並べて見比べよう	58
Section14	ヒストリーとスナップショットをマスターしよう	60

第2章　基本的な補正テクニックを知ろう　63

Section15	基本的な補正操作と補正の順番を覚えよう	64

目次

Section16	プロファイルで写真の仕上げを選択しよう	66
Section17	ホワイトバランスで色調を補正しよう	68
Section18	色温度と色かぶり補正で色調を補正しよう	70
Section19	露光量で写真の明暗を整えよう	72
Section20	コントラストでメリハリのある写真にしよう	74
Section21	ハイライトで明るい部分を補正しよう	76
Section22	シャドウで暗い部分を補正しよう	78
Section23	白レベルでもっとも明るい部分を補正しよう	80
Section24	黒レベルでもっとも暗い部分を補正しよう	82
Section25	明瞭度でメリハリのある写真にしよう	84
Section26	かすみの除去で遠景をくっきりさせよう	86
Section27	彩度と自然な彩度で鮮やかな写真にしよう	88
Section28	トーンカーブで階調を補正しよう	90
Section29	トーンカーブで部分的に写真を補正しよう	92
Section30	写真の中をドラッグして トーンカーブを補正しよう	94
Section31	プロファイル補正でレンズ収差を補正しよう	96
Section32	色収差を除去して色にじみを修正しよう	98
Section33	不要な部分をカットして写真を整えよう	100
Section34	シャープとノイズ軽減で写真を仕上げよう	102

かんたん
Lightroom
RAW現像
入門

目次

第3章　写真にもうひと味プラスしてみよう　105

Section35	日没後の空を印象的な色に変えてみよう	106
Section36	街灯で撮った人物の肌を健康的に補正しよう	108
Section37	明暗差の大きなシーンを補正しよう	110
Section38	高感度で撮った写真のざらつきを減らそう	112
Section39	ファンタジックでモノトーンの写真に仕上げよう	114
Section40	メリハリのある白黒写真に仕上げよう	116
Section41	光源による色の違いを補正ブラシで補正しよう	118
Section42	逆光で暗くなった人物の顔を明るくしよう	120
Section43	レンズの歪曲収差によるゆがみを補正しよう	122
Section44	上すぼまりの建物をまっすぐに補正しよう	124
Section45	街の景色をセピア調の写真に仕上げよう	126
Section46	ポップなキャンディーカラーの アート写真に仕上げよう	128
Section47	ハイコントラストで粗粒子な写真に仕上げよう	130
Section48	トイカメラ風のレトロ調写真に仕上げてみよう	132
Section49	一部の色だけ残した白黒写真に仕上げよう	134
Section50	オリジナルのクロスプロセスに加工してみよう	136
Section51	フチをぼかした古い写真のように仕上げよう	138
Section52	青みがかった淡いトーンの写真に仕上げよう	140
Section53	夜景の写真をきらびやかに仕上げよう	142

目次

第4章 Lightroomの便利機能を活用しよう 145

Section54	現像設定をコピー&ペーストしよう	146
Section55	仮想コピーでバリエーションを作って見比べよう	148
Section56	補正内容をプリセットとして保存して活用しよう	150
Section57	段階フィルターの使い方を覚えよう	152
Section58	段階フィルターで部分的に色調を変えよう	154
Section59	円形フィルターの使い方を覚えよう	156
Section60	円形フィルターで照明の光ににじみを加えよう	158
Section61	フィルターブラシの使い方を覚えよう	160
Section62	補正ブラシで部分的に色調を変えてみよう	162
Section63	範囲マスクの使い方を覚えよう	164
Section64	範囲マスクで特定の色の部分だけを補正しよう	166
Section65	人物の肌の部分だけを明るく補正しよう	168
Section66	複数の写真を合成してパノラマ写真を作成しよう	170
Section67	露出違いの写真を結合してHDR合成しよう	172
Section68	スポット修正の修復ブラシでゴミを消そう	174
Section69	Photoshopと連携して作業しよう	176
Section70	カメラをパソコンにつないで撮影しよう	180

かんたん
Lightroom
RAW現像
入門

目次

第5章 写真管理の仕方を知ろう 183

Section71	フラグを使って写真をセレクトしよう	184
Section72	写真を比較して絞り込もう	186
Section73	レーティングを使って写真を分類しよう	188
Section74	フィルター機能で表示する写真を絞り込もう	190
Section75	選別した写真をコレクションで管理しよう	192
Section76	ファイル名を変更して効率よく管理しよう	194
Section77	写真にキーワードを付けて探しやすくしよう	196
Section78	Lightroom CCで写真を検索しよう	198
Section79	スマートコレクションを使って自動で整理しよう	200
Section80	GPSのログデータで写真に位置情報を追加しよう	202
Section81	ライブラリフィルターを使って写真を探そう	204

第6章 自慢の写真をみんなに見せよう 207

Section82	プリントモジュールを知ろう	208
Section83	用紙サイズに合わせてプリントしよう	210
Section84	写真の比率のままプリントしよう	212
Section85	1枚の用紙に複数の写真を並べてプリントしよう	214
Section86	プリンター設定とカラーマネジメントを知ろう	216

目次

Section87	オンラインアルバムを作って公開しよう	218
Section88	flickrで写真を公開しよう	222
Section89	ブックモジュールでオリジナルの 写真集を作ろう	226
Section90	スライドショーを動画にして楽しもう	230
Section91	補正が終わった写真をJPEGで書き出そう	234

付 録 Lightroomのそのほかの便利機能 237

Appendix01	Lightroom Classic CCの環境設定	238
Appendix02	Lightroom Classic CCのカタログ設定	242
Appendix03	Lightroom CCの環境設定	244
Appendix04	Lightroom Classic CCの ライブラリ表示オプション	246
Appendix05	主なショートカットキー	248

索引 ·· 252

かんたん
Lightroom
RAW現像
入門

体験版のダウンロードとインストール【Windows／Mac共通】

Lightroom Classic CCおよびLightroom CCの体験版はアドビシステムズから提供されています。最新のLightroomの全機能を30日間無償で使用できます。なお、体験版を利用するにはAdobe IDが必要です。また、画面はMacのものですが、Windowsでも同じように進めることができます。

体験版のダウンロードとインストール

1 Webブラウザーのアドレス欄に、
http://www.adobe.com/jp/
と入力し❶、[Enter]を押します❷。アドビシステムズのWebページが表示されます。＜体験版で始める＞をクリックします❸。

2 ＜Lightroom＞の＜体験版ダウンロード＞をクリックします❶。

3 すでにAdobe IDを持っている場合は、＜ログイン＞をクリックします❶。

4 Adobe IDとパスワードを入力して❶、＜ログイン＞をクリックします❷。

5 名前や電子メールアドレス（Adobe ID）、パスワードなどを入力して❶、＜Adobe IDを取得＞をクリックします❷。

6 ＜お客様のLightroom CCのスキルレベルを選んでください＞をクリックして＜初級者＞＜中級者＞＜上級者＞からいずれかを選択します❶。同様にほかの項目も選択し❷、＜続行＞をクリックします❸。

7 「このページで"Creative Cloud App.app"を開くことを許可しますか?」画面で＜許可＞をクリックします❶。

8 自動的に＜Creative Cloudデスクトップアプリケーション＞が起動したら、電子メールアドレス（Adobe ID）とパスワードを入力して❶、＜ログイン＞をクリックします❷。

9 ＜Apps＞タブをクリックし❶、下にスクロールして＜Lightroom CC＞を探し、＜体験版＞をクリックします❷。

10 ＜Lightroom CC＞のインストールが開始されます❶。インストールが完了すると自動的に＜Lightroom CC＞が起動します。

11

11 同時に＜Lightroom Classic CC＞をインストールしたいときは、手順 **9** と同様に＜Lightroom Classic CC＞の＜体験版＞をクリックします❶。＜Lightroom CC＞のインストールが終了していない場合は、＜待機中＞と表示され❷、＜Lightroom CC＞のインストールの終了後にインストールが開始されます。

> **Lightroom Classic CCだけをインストールする**
> ＜Lightroom Classic CC＞のみをインストールしたい場合は、手順 **9** の画面で、＜Lightroom Classic CC＞の＜体験版＞をクリックします。以下の手順は＜Lightroom CC＞と同じです。

アプリケーションをアップデートする

1 メニューバー（Windowsではタスクバー）の＜Creative Cloud デスクトップアプリケーション＞アイコンをクリックします❶。

アップデートがある場合のみ表示されます。

2 ＜Lightroom CC＞の右側の＜アップデート＞をクリックすると❶、アップデートが開始されます❷。

体験版をアンインストールする

1. 前ページの手順1と同様にメニューバーの＜Creative Cloudデスクトップアプリケーション＞アイコンをクリックします。
2. アンインストールしたいアプリケーション（ここでは＜Lightroom CC＞）の右端の ∨ をクリックし❶、＜アンインストール＞をクリックします❷。

3. 必要に応じて＜環境設定を保持＞または＜環境設定を削除＞をクリックすると❶、アンインストールが開始されます❷。

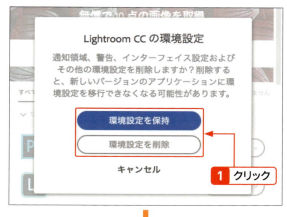

ファイルの削除について

Lightroom Classic CCやLightroom CCをアンインストールしてもカタログやライブラリファイルは削除されずに残ります。これらのファイルもすべて不要な場合は、「ピクチャ」フォルダー内の「Lightroom」フォルダーや「Lightroom Library.lrlibrary」ファイルを手動でゴミ箱に入れて削除します。

13

サンプルファイルのダウンロード

● 本書で使用しているサンプルファイルは、以下のURLのサポートページからダウンロードすることができます。
サンプルファイルは第2章〜第4章のファイルのみとなります（モデル写真のぞく）。
http://gihyo.jp/book/2018/978-4-7741-9831-6/support

● ダウンロードの際に表示される＜ID＞と＜パスワード＞には以下の半角英数字を入力してください。入力するとダウンロードがはじまります。
ID（ユーザー名）：imakanLRCC
パスワード：LRCC2018
※大文字、小文字に気をつけ、空白が入力されないようにご注意ください。

● ダウンロードしたサンプルファイルは圧縮されていますので、展開してからご利用ください。なお、サンプルファイルをお使いいただくには、Adobe Photoshop Lightroom Classic CC／Lightroom CC が必要です。お持ちでない場合は、本書P.10「体験版のダウンロードとインストール」でソフトウェアをインストールしてからお使いください。

ご注意：ご購入・ご利用の前に必ずお読みください

● 本書に記載された内容は、情報の提供のみを目的としています。したがって、本書を用いた運用は、必ずお客様自身の責任と判断によって行ってください。これらの情報の運用の結果について、技術評論社および著者はいかなる責任も負いません。

● ソフトウェアに関する記述は、特に断りのないかぎり、2018年5月現在での最新バージョンをもとにしています。ソフトウェアはバージョンアップされる場合があり、本書での説明とは機能内容や画面図などが異なってしまうこともあり得ます。あらかじめご了承ください。

● 本書の説明では、OSは「macOS High Sierra」（一部「Windows 10」）、Photoshop Lightroom は「Photoshop Lightroom Classic CC／Lightroom CC」を使用しています。それ以外のOSでは画面内容が異なる場合があります。あらかじめご了承ください。

以上の注意事項をご承諾いただいた上で、本書をご利用願います。これらの注意事項をお読みいただかずに、お問い合わせいただいても、技術評論社および著者は対処しかねます。あらかじめ、ご承知おきください。

■ 本書に掲載した会社名、プログラム名、システム名などは、米国およびその他の国における登録商標または商標です。本文中では™、®マークは明記していません。

第1章

Lightroomの基本を知ろう

Section		
01	Lightroomとは	
02	Lightroom Classic CCとLightroom CCの違い	
03	Lightroom Classic CCとLightroom CCの新機能	
04	Lightroomの起動と終了	
05	カタログやライブラリに写真を読み込もう	
06	Lightroom CCの画面とパネル	
07	モバイル版のLightroom CCについて	
08	Lightroom Classic CCの画面の切り替え方	
09	新しいカタログファイルを作成しよう	
10	ライブラリモジュールの各部の機能を知ろう	
11	現像モジュールの各部の機能を知ろう	
12	現像モジュールでの基本的な操作を覚えよう	
13	補正の前後やほかの写真と並べて見比べよう	
14	ヒストリーとスナップショットをマスターしよう	

Section 01 Lightroomとは

`CC` `RAW` 写真
`Classic` `JPEG` RAW現像

Lightroomは、写真の読み込みから取捨選択、分類・管理、画質の調整、RAW現像、プリント、Webでの公開といった、撮影後の作業のほぼすべてを1本でカバーできる**統合写真ソフトウェア**です。

1 Lightroomでできること

Lightroomの基本を知ろう

写真の閲覧・管理 →Sec.10／5章参照

数多くの写真を管理でき、整理する機能も充実しています。

多彩な機能で写真を補正 →2〜4章参照

写真をより美しく仕上げるための機能が満載されています。

プリント／Webで公開 →6章参照

仕上げた写真をプリントしたり、Webで公開したりすることも容易です。

MEMO

2つのLightroom

Lightroomには、Lightroom CCとLightroom Classic CCの2つがあり、どちらも月額制のサブスクリプション版で提供されます。前者はよりシンプルなインターフェースを採用したクラウドベースのLightroomです。後者はローカル環境をベースにした従来のLightroomの最新版となります。

HINT

Lightroomの購入について

Lightroomを利用するには、3タイプある月額制のサブスクリプション版から選択・購入します。具体的には、①Lightroom CCを1TBのストレージ容量で利用できる「Lightroom CCプラン」、②Lightroom CCとLightroom Classic CC、Photoshop CCの3本のソフトウェアが使え、20GBのストレージ容量が利用できる「フォトプラン（20GB）」、③同じく3本のソフトウェアと1TBのストレージ容量が利用できる「フォトプラン（1TB）」があります。①②が980円／月、③が1,980円／月となっています（いずれも税別）。

2 写真の読み込みとライブラリモジュールによる管理

カタログへの読み込み　→Sec.05／09参照

カメラやメモリーカード、パソコンのストレージにある写真をカタログに読み込みます。

写真の閲覧／選別　→Sec.10／13参照

ルーペ表示や比較表示などを利用して、写真の細部をチェックしたり、取捨選択できます。

写真の分類・整理　→5章参照

あとで検索しやすいようにキーワードを付けるなどして、写真を分類・整理できます。

KEYWORD

ライブラリモジュール

Lightroom Classic CCには7つの動作モードがあり、それぞれを「モジュール」と呼びます。「ライブラリモジュール」では、写真の一覧表示や1枚表示、複数の写真を並べて見比べたりできるほか、キーワードやレーティング、カラーラベル、フラグを付けて選別、管理といった作業が行えます。一方、Lightroom CCにはこうしたしくみはなく、パネルの切り替えだけで多くの機能を使い分けられるようになっています。

MEMO

読み込んだ写真の保存先

カメラやメモリーカードから読み込んだ写真は、初期設定の状態のLightroom Classic CCでは「ピクチャ」フォルダー内に自動的に作成された撮影日のフォルダーに保存されます。ほかの場所に保存したい場合は、＜保存先＞から変更できます。Lightroom CCではクラウド上に保存されますが、ローカル（パソコンのハードディスクなど）に元画像を保存することも可能です。

HINT

パソコン内の写真の読み込み

すでにパソコンのハードディスクに保存してある写真をカタログに読み込むにはP.34を参照してください。＜追加＞を選ぶことで、写真の保存場所を変えずにカタログに読み込むこともできます。

3 現像モジュールによる写真の補正

写真を明るく補正する　→Sec.19／20参照

モジュールピッカーから＜現像＞をクリックします。

逆光などで被写体が暗く写ってしまった写真を、＜露光量＞などを変えることで明るく仕上げられます。

補正の前後の比較　→Sec.13参照

補正する前と後の写真を見比べることもできます。

KEYWORD

現像モジュール

Lightroom Classic CCの「現像モジュール」では、多彩な機能を使って写真の補正を行えます。モジュールを切り替えるには、モジュールピッカー（P.42参照）上でクリックするか、Ctrl + Alt + 1 〜 7 のショートカットキー（Macでは command + option + 1 〜 7 ）を押します。

HINT

さまざまな機能が使い分けられる補正パネル

現像モジュールの画面右側にはヒストグラムやツールストリップ、各種の補正パネルがあります。写真をより美しく仕上げるためのさまざまな機能を利用することができます。なお、パネル名のヘッダーをクリックすると、そのパネルを開閉できます。

ヘッダー

1　Lightroomの基本を知ろう

4 高度な補正操作を可能にする各種ツール

ツールストリップ：円形フィルター　→Sec.59参照

写真の一部分を楕円形に選択して、その部分だけを補正できます。

ツールストリップ

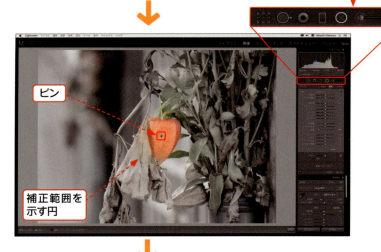

ピン

補正範囲を示す円

円形フィルターで選択した範囲の外側の彩度を下げることで、主要な部分だけを目立たせることができます。

KEYWORD

ツールストリップ

「ツールストリップ」には、不要な部分をカットしたり、ゴミやキズなどを取りのぞいたりするツールのほか、「段階フィルター」「円形フィルター」「補正ブラシ」といった画面の一部分だけを補正できるツールがあります。Lightroom CCでは、画面右側に同様の機能を持った編集ツールが用意されています。

HINT

円形フィルター

「円形フィルター」は、画面の一部分を楕円形に選択する範囲選択ツールです。Lightroom CCでは「円形グラデーション」という名称になっています。この円形フィルターを利用すると、マウスのドラッグ操作で範囲を選択し、その内側（または外側）だけを補正できます。範囲の中心となるピンの位置、範囲の円の幅や高さはあとからでも変更できます。主要な被写体を目立たせたいときなどに利用します。

NEW

範囲マスク

「範囲マスク」は、「段階フィルター」「円形フィルター」「補正ブラシ」と併用することで、特定の色または明るさの部分だけに補正を加えたいときに利用します。範囲マスクを使うことで、従来よりも柔軟な範囲選択が行えるようになり、よりこまやかな補正が可能となります。

5 豊富なプリセットで印象的な写真に仕上げられる

プリセットを適用する　→Sec.56参照

＜プリセットパネル＞にはさまざまな効果が得られる現像プリセットが用意されており、クリックするだけで写真の雰囲気を変えられます。

プリセットを適用した写真を、好みなどに合わせてさらに調整したり、ほかのプリセットを重ねて適用したりすることで、より印象的な写真に仕上げることができます。

MEMO

プリセット

「プリセット」とは、画面効果のために行うさまざまな補正の内容を記録したもので、パネル内の項目をクリックするだけで、その内容を一気に適用できるのが便利な点です。写真に施した補正の内容をオリジナルのプリセットとして保存できるほか、ほかのユーザーが作成したプリセットを読み込んで利用することも可能です。

HINT

プリセットのプレビュー

プリセットパネルの各項目の名称部分にマウスカーソルを重ねると、Lightroom CC ではそのプリセットを適用した状態がプレビュー表示されます（項目をクリックしないと効果は適用されません）。Lightroom Classic CC では画面左上の「ナビゲーター」にプレビューが表示されます。そのプリセットがどんな画面効果を持っているのかをすばやく確認できます。

HINT

プリセットの重ねがけも可能

プリセットによっては、別のプリセットと重ねて適用することもできます。複数のプリセットを重ねがけすることで、写真の雰囲気をさらに変えることができ、よりオリジナリティーの高い仕上がりにできます。

6 さまざまなスタイルでプリントできる

1枚の用紙 →Sec.83／84参照

複数の写真をアレンジ →Sec.85参照

コンタクトシート →Sec.85参照

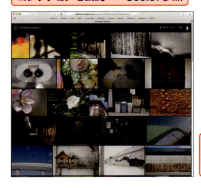

撮影データ付き

STEPUP

プリントのセキュリティ

Lightroom Classic CCのプリントモジュールでは、誰が撮った写真なのかがわかるように、プリントに著作権者名を表示する「透かし」や「IDプレート」を入れることができるほか、余白部分に撮影データなどのテキストを設定することもできます。

7 SNSなどで写真を公開する

コレクションを公開 →Sec.87参照

作成したコレクションをLightroom CCと同期させることで、Web上で公開することができます。

flickrなどに写真を公開する →Sec.88参照

Instagramやflickrなどの SNSなどにアップロードできます。

KEYWORD

コレクションを公開

Lightroom Classic CCには、ブログやWebサイトなどで写真を公開するためのWebフォトギャラリーを作成するWebモジュールがありますが、Lightroom CCと同期させることで、かんたんに写真を公開できます。一般に公開せずに自分だけ閲覧できるようにも設定できます。

MEMO

各種公開サービスへの対応

アドビシステムズが運営するAdobe Stockのほか、flickrやFacebookなどの画像公開サービスに、Lightroom Classic CCから写真をアップロードできます。また、Instagramなどにアクセスするためのプラグインソフトウェアを追加することも可能です。

Section 02 Lightroom Classic CCと Lightroom CCの違い

クラウド／ローカル　Adobe Sensei

さまざまなデバイスからアクセス可能なクラウドベースのLightroom CCに対して、ローカル環境ベースのLightroom Classic CCは**機能の多彩さが強み**です。ここでは両者の違いについて説明します。

1 どちらも写真ファンのための統合写真ソフトウェア

写真の閲覧、分類、管理、RAW現像などの機能を持つ統合写真ソフトウェア

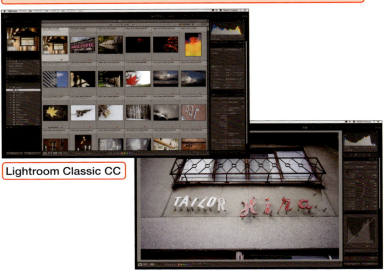

Lightroom Classic CC

Lightroom CC

KEYWORD

RAW

一眼レフやミラーレスカメラなどでは、汎用性の高い「JPEG」のほか、メーカー独自の画像形式である「RAW」が選択できます。RAWは「生の」という意味で、写真では基礎的な画像処理だけを行った無調整の画像を指します。JPEGに比べるとファイルサイズが大きく、扱えるソフトウェアが限られるなど面倒な点は多いですが、JPEGよりも情報量が多く、階調再現もよいため、より高画質に仕上げたいときには役立ちます。

KEYWORD

RAW現像

メーカー独自の画像形式であるRAWを、JPEGなどの一般的な形式に変換することを、銀塩フィルムの現像処理になぞらえて「RAW現像」と言います。RAW現像には、そのRAWに対応したソフトウェアが必要で、多くのカメラには専用のRAW現像ソフトが付属しています。それらに対して、Lightroomは汎用のRAW現像ソフトウェアで、ほとんどのメーカーのRAWに対応しているだけでなく、機能的にも充実しており、洗練されたインターフェースを備えています。

2 写真を保存する場所が違う

Lightroom CCはクラウドに保存

写真はインターネット上のサーバーに保存されるので、スマートフォンやタブレットのほか、外出先のパソコンからでもアクセスできます。そのため、写真の整理や管理、画質の調整などの作業がどこででもできるのが強みです。

Lightroom Classic CCはローカルに保存

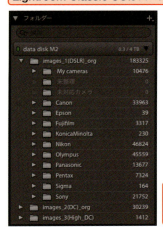

写真はパソコンのハードディスクなどのストレージに保存するので、原則として1台のパソコンですべての作業を行うのが基本となります。

KEYWORD

クラウドストレージ

インターネット上に写真などのファイルを保管できるスペースを「クラウドストレージ(またはオンラインストレージ)」と言い、Lightroom CCではこのクラウドストレージを利用できます。

HINT

Lightroom CCのストレージ容量

利用可能なストレージ容量は、契約するプランによって異なります。Lightroom CCだけを利用する「Lightroom CCプラン」では1TB、「フォトプラン」では、1TBまたは20GBのプランが選択でき、最大10TBまで容量を増やすことも可能です。

3 写真を検索する機能が違う

キーワードの設定が不要な先進の検索機能

Lightroom CCでは、Adobe Senseiが写真を自動的に分類、整理してくれます。写真にキーワードなどを付けなくてもテキスト検索が可能なので、たとえば「空」で検索すれば、空が写っている写真がまとめて表示されます。

検索欄に「空」と入力して return を押すと、空の写真だけが表示されます。

KEYWORD

Adobe Sensei

「Adobe Sensei」は、アドビシステムズが開発した人工知能と機械学習を組み合わせたものです。同社が持つ膨大な情報を組み合わせることによって、さまざまな機能を実現する革新的技術です。Lightroom CCでは、クラウドにアップロードした写真をAdobe Senseiによって解析して自動的にキーワードを付けて分類することで、キーワード入力なしでのテキスト検索を実現しています。

場所の情報や各種メタデータも組み合わせた検索が可能

Lightroom Classic CCでは、キーワードだけでなく、その写真を撮影した場所の情報、カメラやレンズ、絞り値といったさまざまなメタデータを組み合わせた検索ができます。

> ライブラリフィルターを使って、「石山緑地」という場所で、かつ「ILCE-7M2（ソニーα7 II）」で撮った写真だけを表示することができます。

KEYWORD

メタデータ

「メタデータ」とはかんたんに言うと、画像ファイルに埋め込まれている画像以外の情報のことで、撮影したカメラやレンズ、日時、絞り値やシャッター速度、ISO感度といった撮影情報などが含まれます。Lightroom Classic CCではメタデータを利用して、絞り込み検索を行うことができます。

4 画面がモジュール式かどうかが違う

Lightroom Classic CCのモジュール

Lightroom Classic CCは複数のモジュールで構成されており、目的に合わせてモジュールを切り替えて利用します。こうすることで、多彩な機能を持ちながら、わかりやすいインターフェースを実現しています。Lightroom Classic CCには、ライブラリや現像モジュールを含めて計7つのモジュールがあります。

マップモジュール

地図上に写真を表示できます。どこでどんな写真を撮ったかがひと目でわかります。

ブックモジュール

カタログ内の写真を使ってオリジナルの写真集を作成できます。

スライドショーモジュール

オリジナルのスライドショーを作成でき、動画ファイルとして書き出すことが可能です。

プリントモジュール

さまざまなスタイルで写真をプリントすることができます。

KEYWORD

モジュール

「モジュール」は、機能の追加や交換が容易に行えるよう設計された部品・要素で、複数のモジュールを組み合わせてソフトウェアやハードウェアを構成します。Lightroom Classic CCは7つのモジュールを持ち、それらを目的に応じて使い分けるようになっています。

HINT

Lightroom CCにない機能

Lightroom CCは、まだ生まれたばかりの発展途上のソフトウェアで、機能面では物足りない部分もあります。現時点では、Lightroom Classic CCが持つ、マップ、ブック、スライドショー、プリントの各モジュールに相当する機能は装備されていません。

Webモジュール

ホームページやブログで公開するためのWebフォトギャラリーを作成できます。

よりシンプルな画面のLightroom CC

Lightroom CCは、Lightroom Classic CCのライブラリモジュールと現像モジュールが一体となり、意識することなく行き来できます。

HINT

統合されたシンプルな画面

Lightroom CCはモジュール式ではなく、1つの画面に統合されたインターフェースを採用しています。同じ画面のままでパネルだけを切り替えて、さまざまな作業を行えるようにしているところがLightroom Classic CCとの大きな違いと言えます。

5 RAW現像以外の機能が違う

複数の写真を並べて見比べる表示モード

Lightroom Classic CCには、2枚の写真を見比べたり、効率よくセレクト作業を進めるために多くの写真を並べられる表示モードがあります。

パノラマ合成やHDR合成が可能

Lightroom Classic CCは、複数の写真を合成してパノラマやHDRイメージを作成する機能を備えています。

MEMO

カラーラベル

「カラーラベル」は赤、黄、緑、青、紫の5色の札を写真に付けられる機能で、写真の分類や管理、セレクト作業などに利用します。同様のレーティング機能やフラグ機能はLightroom CCもサポートしていますが、カラーラベルがあるのはLightroom Classic CCだけです。

MEMO

パノラマ合成とHDR合成

Lightroom Classic CCには、複数の写真を合成して1枚の写真に仕上げる機能があります。1つは、カメラの向きを変えて撮った写真をつなぎ合わせて横長や縦長のパノラマ写真にする機能。もう1つは、露出を変えて撮った写真を合成して白飛びや黒つぶれを少なくするHDR合成機能です。これらの機能は、現時点ではLightroom CCではサポートされていません。

Section 03 Lightroom Classic CCと Lightroom CCの新機能

`CC` `Classic` `RAW` `JPEG` カラー／輝度範囲マスク フォルダー検索

Lightroom Classic CCには部分選択ツールに**カラー**や**輝度の範囲マスク**が加わったほか、**フォルダーの検索機能**が装備されました。Lightroom CCには**トーンカーブ**などが追加されています。

1 選択範囲の特定の明るさや色の部分だけを補正できる【Lightroom Classic CC】

補正ブラシの強化

選択した範囲の特定の色の部分だけに対して補正を行えます。

NEW

範囲マスク

「範囲マスク」は、従来の部分選択ツールで選択した範囲の中の、特定の輝度（明るさ）や色の部分だけを選択できる機能です。たとえば、風景写真の青空や人物の肌だけを選択してより印象的な色調に変えることができます。従来は選択範囲全体を補正するので、白い文字や窓、タイヤの部分の色味も変化していました。

2 フォルダーをテキスト検索できる【Lightroom Classic CC】

フォルダーの検索

1 フォルダーパネルの検索フィールドに任意の文字列を入力すると、

2 適合するフォルダーだけが表示されます。

NEW

フォルダーの検索

フォルダーパネルに新しく検索フィールドが追加され、写真を保存するフォルダーの名称からテキスト検索ができるようになりました。フォルダー名にイベントの名称や撮影場所などを含めている場合、その情報からすばやく候補を絞り込めます。

3 フォルダーにお気に入りマークを付けられる【Lightroom Classic CC】

お気に入りマークの付加

1 任意のフォルダーを右クリック（Macでは control を押しながらクリック）して、

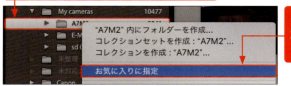

2 表示されるメニューで＜お気に入りに指定＞をクリックします。

お気に入りマークを付けたフォルダーの表示

1 検索フィールドの をクリックして、

2 表示されるメニューで、＜お気に入りフォルダー＞をクリックすると、

3 お気に入りに指定したフォルダーだけを表示できます。

お気に入りフォルダー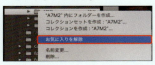

任意のフォルダーをお気に入りに指定すると、そのフォルダーに「★」マークが付けられるので、探しやすくなります。お気に入りに指定したフォルダーを解除したいときは、右クリックで表示されるメニューから＜お気に入りを解除＞をクリックします。

4 フォルダーからコレクションを作成できる【Lightroom Classic CC】

コレクションの作成

1 任意のフォルダーを右クリック（Macでは control を押しながらクリック）して、

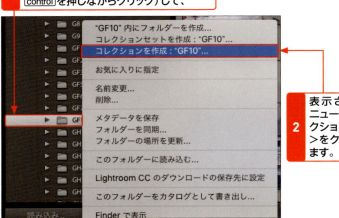

2 表示されるメニューで＜コレクションを作成＞をクリックします。

コレクション

「コレクション」は、お気に入りの写真を入れておける仮想のフォルダーです。画像ファイルをコピーしたりしないため、ハードディスクの容量を消費することなく、写真の分類や整理が容易になります。

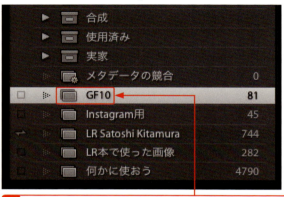

3 「コレクションを作成」画面でコレクションの名前、保存する場所などを設定して、<作成>をクリックします。

フォルダーからコレクションを作成する

これまではコレクションを作成してから、コレクションに入れる写真をドラッグ&ドロップする必要がありました。フォルダーパネルからコレクションが作成できるようになったおかげで、特定のイベントの写真だけを集めたコレクションを作成したいときなどの手間がぐっと軽減できます。

4 指定したフォルダーに保存されている写真をまとめたコレクションが、コレクションパネル内に作成されました。

5 補正済み写真だけを絞り込める【Lightroom Classic CC】

ライブラリフィルターの利用

1 ライブラリモジュールのグリッド表示(P.42参照)で、ライブラリフィルターの<属性>をクリックして(表示されていない場合は<表示>メニュー→<フィルターバーを表示>をクリック)、

複数の条件を組み合わせて写真を絞り込む

たとえば、レーティングやフラグが付いた写真で、かつまだ補正していないものがあるときに、それらの条件を組み合わせて絞り込むことで、補正する必要のある写真だけを表示することができます。このように、さまざまな条件を組み合わせることで、探している写真をすばやく見つけ出せるようになるわけです。

2 <編集>の<編集ステータスでフィルター(編集済み写真のみ)>の左側のアイコンをクリックしてオンにすると、

3 補正した写真だけが表示されます。

MEMO

すべての写真を表示

＜編集ステータスでフィルター＞の両方をオンまたはオフにすることで、すべての写真を表示することができます。

4 左側のアイコンをクリックしてオフにして、右側のアイコンをクリックしてオンにすると、補正していない写真だけが表示されます。

6 トーンカーブを使って補正できる【Lightroom CC】

トーンカーブの補正

1 ＜編集＞をクリックして編集パネルを開き、

NEW

パラメトリックカーブとポイントカーブ

「パラメトリックカーブ」は、「シャドウ」「ダーク」「ライト」「ハイライト」の4つの領域に分割してそれぞれの領域で補正を行うもので、補正の範囲も限られます。一方、「ポイントカーブ」は、より自由度の高い調整を可能にするモードで、部分的にコントラストを調整したいときなどにも対応しやすいのが特徴です。通常はこちらを使うことをおすすめします。

2 ＜ライト＞の右にある＜トーンカーブ＞をクリックします。

MEMO

より細かく調整する

細かな調整は、＜クリックしてポイントカーブを編集＞をクリックして、ポイントカーブをドラッグします。

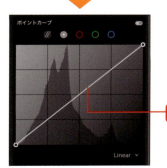

3 ラインをマウスでドラッグして調整します。

7 明暗別色補正による調色が可能【Lightroom CC】

明暗別色補正による調色

1 <編集>をクリックして編集パネルを開き、

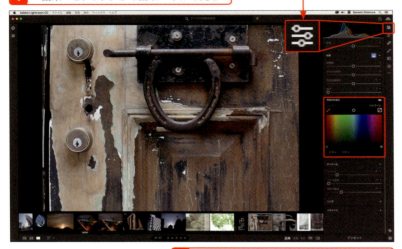

2 <効果>の◀をクリックしてメニューを展開し、右にある■<明暗別色補正>をクリックすると、明暗別色補正の画面が表示されます。

3 パネルのグラデーション部分の左下の○をドラッグして、暗い部分の<色相>と<彩度>を調整します。

4 同様に右下の○をドラッグして、明るい部分の<色相>と<彩度>を調整します。

NEW

明暗別色補正

写真の中の黒や白の色味を調整する機能で、白黒写真に適用するとセピア調などの色味のある写真に仕上げられます。カラー写真に適用すると、暗部や明部のカラーバランスを変えることができ、いわゆるクロスプロセス調に仕上げたいときなどに利用します。

MEMO

色相と彩度とバランス

「色相」は、ハイライトまたはシャドウに加える色合いを決める要素で、たとえば、<ハイライト>の<色相>をブルー系にすると、明るい部分に青みが加わります(ただし、<彩度>が「0」のままだと色味は変わりません)。その際の、青みを加える度合いを左右するのが「彩度」です。<ハイライト>と<シャドウ>に別々の色味を加えるときに、<バランス>を右(ハイライト側)に動かすと、画面全体が<ハイライト>の<色相>で選んだ色に近づきます。左(シャドウ側)に動かすと、その逆に<シャドウ>の<色相>の色味に近づきます。

8 読み込み時に著作権情報を追加できる【Lightroom CC】

著作権情報の追加

1 ＜Adobe Lightroom CC＞メニュー→＜環境設定＞（Windowsでは＜編集＞メニュー→＜環境設定＞）をクリックし、

2 画面左側の＜一般＞タブをクリックします。

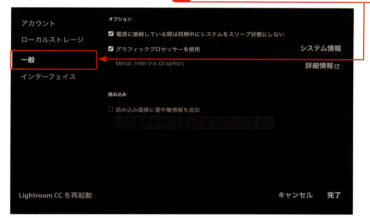

3 ＜読み込み画像に著作権情報を追加＞をクリックしてオンにし、

4 ©のうしろに著作権者の氏名などを入力します。

5 ＜完了＞をクリックします。

著作権情報

著作権情報は、誰が（あるいはどの企業が）その写真の権利を有しているかを明確にするもので、写真の不正利用を防ぐ効果が期待できます。最近は、写真に著作権情報を記録できるカメラが増えていますし、Lightroomでも著作権情報を入力する欄が用意されています。読み込み時の著作権情報の追加オプションを利用すると、入力忘れも防げます。

著作権情報の確認

Lightroom CCで写真の著作権情報を確認するには、画面右下の＜情報＞をクリックして、情報パネルを表示します。すでに読み込み済みの写真に著作権情報を追加する際は、＜著作権情報＞欄をクリックして名前などを入力します。なお、Lightroom Classic CCでは、メタデータパネルの＜初期設定＞などで＜作成者＞欄に情報が表示されます。

Section 04 Lightroomの起動と終了

  Lightroom / カタログ

Lightroomの起動は、一般的なソフトウェアと同じく**ショートカットアイコンをダブルクリック**します。Lightroom Classic CCの初回起動時には**カタログファイル**が作成されます。

1 Lightroom Classic CCを起動する

1. ショートカットアイコンをダブルクリックするか、
2. スタートボタンをクリックし、
3. 画面をスクロールして、＜Adobe Lightroom Classic CC＞をクリックします。

次ページ参照

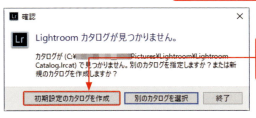

4. ＜初期設定のカタログを作成＞をクリックします。

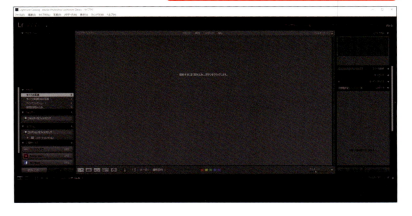

5. 新しいカタログファイルが作成され、＜ライブラリ＞モジュールの画面が表示されます。

MEMO 初回起動時について

初回起動時には手順5のあと、「ようこそ」画面が表示されます。＜了解しました＞をクリックし、次に表示される「同期」画面では、同期をオフにした状態で＜続行＞をクリックします。

KEYWORD カタログ

カタログには、ライブラリに読み込んだ写真の情報（画像ファイルの保存場所や設定したキーワード、補正操作の内容など）が保存されます。初期設定ではWindows、Macともに「ピクチャ」フォルダー内の「Lightroom」フォルダーに自動的に作成されます。次回起動時には、作成したカタログを読み込むので、手順2の画面は表示されません。

MEMO Macでの起動

Macの場合、手順1で、＜移動＞メニューをクリックし、＜アプリケーション＞をクリックし、「Adobe Lightroom Classic CC」フォルダーの＜Adobe Lightroom Classic CC.app＞をダブルクリックします。以降はWindowsと同じです。

2 Lightroom CCを起動する

1 ショートカットアイコンをダブルクリックします（スタートメニューから起動する場合は、前ページの手順 3 を参照）。

2 「写真を追加」画面が表示されます。写真が登録されている場合はグリッド表示されます。

初回起動時には手順 1 のあと、「ようこそ」画面が表示され、続いて機能のガイドが表示されます。ガイドにしたがって操作を進めると、写真を追加できますが、ここではこのガイドを利用しないで、手順 2 の画面を表示しています。

HINT

ライブラリ

Lightroom CCを起動すると、自動的に「ピクチャ」フォルダー内に「Lightroom Library.lrlibrary」ファイルが作成されます。これはカタログファイルと同様のもので、読み込んだ写真のさまざまな情報が保存されます。

MEMO

Macの場合

Macの場合、手順 1 で、アプリケーションフォルダーのAdobe Lightroom CCフォルダー内の＜Adobe Lightroom CC.app＞をダブルクリックします。

3 Lightroomを終了する

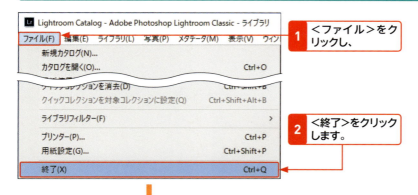

1 ＜ファイル＞をクリックし、

2 ＜終了＞をクリックします。

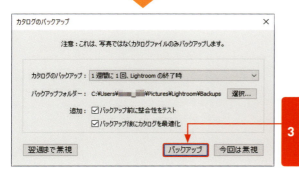

3 「カタログのバックアップ」画面が表示されたときは、＜バックアップ＞をクリックします。

MEMO

Macでの終了方法

Macの場合は、＜Lightroom＞または＜Adobe Lightroom CC＞メニューから＜Lightroomを終了＞または＜Lightroom CCを終了＞をクリックします。

HINT

カタログのバックアップ

Lightroom Classic CCのカタログファイルはとても重要なので、定期的にバックアップする必要があります。初期設定では「1週間に1回、Lightroomの終了時」に設定されています。通常はこのままでかまいませんが、必要に応じてバックアップの頻度を変更することもできます。

Section 05 カタログやライブラリに写真を読み込もう

CC | RAW | 読み込み
Classic | JPEG | メモリーカード

写真の管理や補正を行うには、写真をカタログまたはライブラリに**読み込む**必要があります。ここでは、メモリーカードやパソコンのストレージに保存されている写真をLightroomで読み込む手順を説明します。

1 Lightroom CCに写真を読み込む

ここではメモリーカードから写真を読み込む手順を説明します。
あらかじめ、メモリーカードをパソコンに挿入しておきます。

1 画面左上のをクリックします。

2 ＜接続済みデバイス＞で＜EOS_DIGITAL＞（メモリーカードの名称です）をクリックします。

読み込む必要のない写真はサムネールの左上のチェックマークをクリックしてチェックをはずします。

3 フォルダー内の写真が一覧表示されます。

4 ＜××枚の写真を追加＞をクリックします。

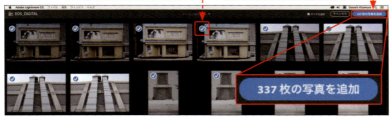

5 読み込まれた写真が画面に表示されます。

HINT
写真の読み込み

パソコン内の写真を読み込むには、手順**1**の画面で画面中央の＜写真を追加＞を、あるいは手順**2**の画面で＜参照＞をクリックするか、＜ファイル＞メニュー→＜写真を追加＞をクリックします。写真選択の画面が表示されるので、読み込みたい写真を選択します。

HINT
アルバムに追加

Lightroom CCでは、写真を仮想のアルバムにまとめて管理することができ、写真を読み込む際にをクリックすることで、＜アルバムに追加＞から既存のアルバムを選択したり、または＜新規＞のアルバムを作成したりすることができます。

HINT
RAW+JPEG同時記録の場合

Lightroom CCでは、RAWとJPEGは別々の写真として読み込まれます。RAWのみ、またはJPEGのみを読み込みたい場合は、事前に別々のフォルダーに分割してから読み込みます。

2 Lightroom Classic CCに写真を読み込む

ここではパソコン内に保存されている写真を読み込む手順を説明します。

1 ライブラリモジュールで画面左下の＜読み込み＞をクリックします。

2 左側のソースパネルから写真が保存されたフォルダーを選択すると、

3 フォルダー内の写真が一覧表示されます。

MEMO参照

4 読み込み方法の＜追加＞をクリックします（右中段HINT参照）。

5 画面右下の＜読み込み＞をクリックします。

6 読み込まれた写真がライブラリモジュールで表示されます。

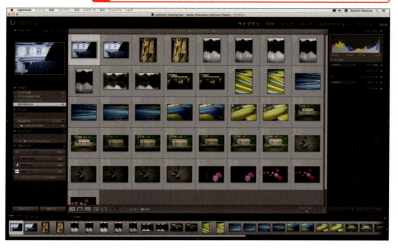

MEMO

＜すべての写真＞と＜新規写真＞

＜すべての写真＞は、ソースパネル内のすべての写真を読み込みます。すでにカタログに読み込まれている写真も重複して読み込まれます。一方、＜新規写真＞はソースパネル内の写真のうち、まだカタログにない写真だけが読み込まれます。通常は＜新規写真＞を選択します。

HINT

写真を読み込む方法について

カタログへの写真の追加方法には、以下の4つがあります。
DNG形式でコピー：カメラメーカー独自のRAW形式から、アドビシステムズの標準形式であるDNG（Digital Negative）に変換、指定した場所にコピーして保存します。
コピー：ファイル形式はそのまま、指定した場所にコピーして保存します。カメラやメモリーカードから直接読み込む際に利用します。
移動：指定したフォルダーに画像ファイルを移動させます。もとの保存場所からは削除されます。
追加：もとの保存場所に画像ファイルを置いたまま、カタログに読み込みます。すでにパソコンに保存してある写真を読み込む際に利用します。

HINT

写真の読み込み

パソコン内の写真の読み込みは、手順**1**で＜ファイル＞メニュー→＜写真とビデオを読み込み＞でも行えます。

---

05 カタログやライブラリに写真を読み込もう

1 Lightroomの基本を知ろう

35

Section 06 Lightroom CCの画面とパネル

|CC|RAW|画面表示|
|Classic|JPEG|パネル|

Lightroom CCは、さまざまな機能を受け持つパネルを切り替えることで、写真の管理や選別、調整などの作業を行うようになっています。ここでは、どんな画面やパネルがあるのかを解説します。

1 写真を見る画面について

写真グリッド
（<表示>メニュー→<写真グリッド>／🔲）

画面いっぱいに隙間なく写真を並べる表示です。写真のサイズは自動的に調整されます。

正方形グリッド
（<表示>メニュー→<正方形グリッド>／🔲）

画面を正方形に区切って写真を並べる表示で、レーティングやフラグの設定も確認できます。

ディテール
（<表示>メニュー→<ディテール>／🔲）

1枚の写真を画面いっぱいに表示します。この状態で写真の任意の場所をクリックすると、その場所を1：1（ピクセル等倍）表示できます。画面下部のフィルムストリップは非表示にすることもできます。

ディテール・フルスクリーン
（<表示>メニュー→<ディテール・フルスクリーン>）

メニューやパネル、フィルムストリップなどを非表示にして写真だけをモニター画面いっぱいに表示します。この表示は<ディテール>表示のときに可能です。もとに戻すにはEsc（Macではesc）を押します。

フィルムストリップ

2 整理や管理のためのパネルと機能

マイフォトパネル
（＜表示＞メニュー→＜マイフォト＞／□）

マイフォトパネルには、ライブラリにあるすべての写真が表示される「すべての写真」、ライブラリに追加した日付ごとに表示できる「最近追加した写真」、撮影した日付ごとに表示できる「日付順」があります。

アルバムパネル

アルバムパネルでは、写真を整理したり、お気に入りの写真を集めておける「アルバム」や、アルバムを整理するための「フォルダー」の作成および管理を行います。Lightroom CCのアルバムは、Lightroom Classic CCの「コレクション」に相当します。コレクションの使い方はP.192を参照してください。

情報パネル
（＜表示＞メニュー→＜情報＞）

情報パネルには、写真の撮影データ（ISO感度やシャッター速度、絞り値など）のほか、写真に付加する「タイトル」「場所」などの情報を書き込むことができます。また、画像ファイルの状況も確認できます。なお、Lightroom Classic CCでは、メタデータパネルで「タイトル」や「場所」の情報を入力できます。使い方はP.205を参照してください。

キーワードパネル
（＜表示＞メニュー→＜キーワード＞）

キーワードパネルでは、写真を見つけ出しやすいようにキーワードを入力できます。すでに入力されたキーワードは＜キーワードを追加＞欄の下に表示され、クリックすることで削除できます。

マイフォトを検索
（＜ファイル＞メニュー→＜マイフォトを検索＞）

画面上部の＜すべての写真を検索＞に文字列を入力することで、入力済みのキーワードや場所などの情報から写真検索が行えます。Adobe Senseiによって自動的に付けられたキーワードも対象となります。

＜すべての写真を検索＞欄の右の■＜検索の絞り込み＞をクリックすると、設定したレーティングやフラグ、入力したキーワードや場所のほか、撮影したカメラなどで表示する写真を絞り込むことが可能です。

3 写真の補正を行うパネルと機能

編集（＜表示＞メニュー→＜編集＞／ ）

写真の明るさや階調およびトーンカーブの調整を行う「ライト」、ホワイトバランスをはじめとする色味を調整する「カラー」、明瞭度やかすみの除去といった効果を与えられる「効果」、シャープネスやノイズ軽減を行う「ディテール」、レンズ収差を補正する「レンズ」などがあります。

切り抜きと回転（ ）

不要な部分をトリミングする「切り抜き」、写真の傾きを補正する「角度補正」のほか、写真の縦横を直したり、裏表を反転させられる「回転と反転」があります。機能は、Lightroom Classic CCの切り抜きとほぼ同じです。使い方はP.100を参照してください。

写真の不要な部分をトリミングして、

被写体を強調することができます。

修復ブラシ（ ）

「修復ブラシ」は、被写体に付着したゴミやホコリ、撮像センサーの汚れの写り込みなどを除去するための機能です。機能は、Lightroom Classic CCの修復ブラシとほぼ同じです。使い方はP.174を参照してください。

被写体に付着したゴミや汚れ、撮像センサーのホコリなどを、

マウスでクリックするだけできれいに取りのぞけます。

ブラシ（ ）

写真の一部だけを選択して明るさなどを変えることで、より印象的な写真に仕上げるのに利用します。
機能は、Lightroom Classic CCの補正ブラシとほぼ同じです。使い方はP.162を参照してください。

画面の中の目立たせたい部分だけを、

明るくしたり、色味を調整したりできます。

線形グラデーション（ ）

画面の一部を直線で区切って選択し、その範囲だけを調整できます。機能は、Lightroom Classic CCの段階フィルターとほぼ同じです。使い方はP.152を参照してください。

暗く沈んだ家々を、

明るく補正できます。

円形グラデーション（ ）

画面の一部を楕円形に選択し、その内側または外側だけを調整できます。機能は、Lightroom Classic CCの段階フィルターとほぼ同じです。使い方はP.156を参照してください。

背景の部分だけを選択して、

暗くして主要な被写体を目立たせられます。

Section 07 モバイル版のLightroom CCについて

`CC` `RAW` `スマートフォン`
`Classic` `JPEG` `クラウド`

Lightroom CCには、iOSまたはAndroidに対応する**モバイル版**もあります。**クラウドストレージと同期**することで、スマートフォンやタブレット端末からも写真の閲覧や管理、補正などが行えます。

1 写真の閲覧・管理

グリッド表示

クラウドストレージにアップロードされている写真を一覧表示できます。

ルーペ表示

選択した1枚の写真を大きく表示できます。

情報

写真のタイトルや説明のほか、撮影したカメラやレンズの情報、撮影データが確認できます。

キーワード

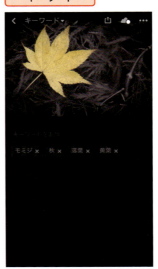

写真に関連するキーワードを付加して検索しやすくできます。

07 モバイル版のLightroom CCについて

検索

Adobe Senseiによって自動的に付加されたキーワードで、写真をテキスト検索できます。

編集（プリセット）

かんたんな手順で写真を印象的に仕上げます。

編集（ライト）

写真の明るさやコントラストなどを補正できます。

編集（カラー）

写真のホワイトバランスや彩度を補正できます。

編集（自動）

ライトとカラーを写真の内容に合わせて自動補正します。

共有

補正が終了した写真を保存したり、共有したりすることができます。

1 Lightroomの基本を知ろう

41

Section 08 Lightroom Classic CCの画面の切り替え方

| CC | RAW | モジュール |
| Classic | JPEG | ライブラリ |

Lightroom Classic CCには**7つのモジュール**があり、目的に応じて使い分けるようになっています。ここでは、**モジュールの切り替え方**や**画面各部のパネルの操作方法**を説明します。

1 モジュールを選んでそれぞれの操作画面に切り替える

ここでは、ライブラリモジュールをグリッド表示しています。

① 切り替えたいモジュールをクリックします（ここでは＜現像＞をクリックします）。

モジュールピッカー

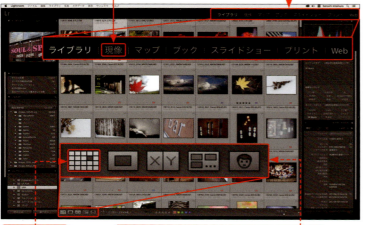

グリッド表示

ツールバー：クリックすると、ライブラリモジュールの表示を切り替えられます。

② 現像モジュールに切り替わります。

MEMO
ツールバーのアイコン

ライブラリモジュールの各画面は、ツールバーの左端のアイコンをクリックすることで切り替えられます。グリッド表示が G 、ルーペ表示は E 、比較表示は C 、選別表示は N 、人物は O キーを押すことでも切り替えられます。それぞれの画面表示についてはP.50を参照してください。

MEMO
＜ウィンドウ＞メニューからモジュールを切り替える

モジュールの切り替えは、＜ウィンドウ＞メニューから＜ライブラリ＞や＜現像＞などをクリックすることでも行えます。

モジュールピッカーの各項目をクリックすることで、画面を切り替えることができます。

マップモジュール

GPS情報を利用して地図上で写真を表示できます。

ブックモジュール

オンデマンド写真集のページレイアウトデータを作成できます。

スライドショーモジュール

オリジナルのスライドショーを作成し、動画として保存できます。

プリントモジュール

写真をさまざまなスタイルでプリントできます。

Webモジュール

ホームページなどで利用できるWebギャラリーを作成できます。

HINT

モジュールを切り替えるショートカットキー

各モジュールのショートカットキーは以下のとおりです。

モジュール	Windows	Mac
ライブラリ	Ctrl + Alt + 1	command + option + 1
現像	Ctrl + Alt + 2	command + option + 2
マップ	Ctrl + Alt + 3	command + option + 3
ブック	Ctrl + Alt + 4	command + option + 4
スライドショー	Ctrl + Alt + 5	command + option + 5
プリント	Ctrl + Alt + 6	command + option + 6
Web	Ctrl + Alt + 7	command + option + 7

2 パネル類の表示／非表示を切り替える

1 パネル外側の外向きの ◀ をクリックすると、

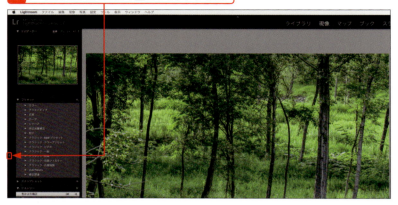

2 そのパネルが非表示となります。　　内向きの ▶ に変わります。

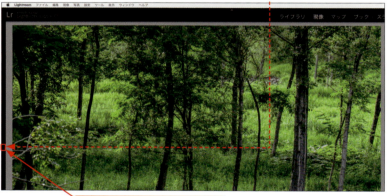

3 再度、▶ をクリックすると、

4 パネルが表示されます。

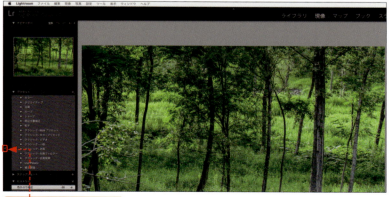

外向きの ◀ に戻ります。

STEPUP

ワンタッチで左右パネルを表示／非表示を切り替える

左右のパネルは、tab を押すごとに両方をまとめて表示／非表示を切り替えられます。グリッド表示で閲覧できる画像数を増やしたいときなどに便利です。

HINT

各パネルのショートカットキー

上下左右のパネルには、それぞれショートカットキーが割り当てられています。上側の「モジュールピッカー」は F5、下側の「フィルムストリップ」は F6、左側のパネルは F7、右側のパネルは F8 で表示／非表示を切り替えられます。

MEMO

パネルの表示オプション

各パネルの ◀▶ を右クリック（Mac では control を押しながらクリック）すると、そのパネルの表示／非表示の方法を選択できます。

▶ スナップショット
✓ 自動的に表示・非表示
自動的に隠す
マニュアル
反対側のパネルと同期

HINT

パネル内でのスクロール

開いているパネルの合計の高さが表示領域の高さを超えると自動的にスクロールバーが表示されます。その場合はパネルにマウスカーソルを重ねてホイールを操作することでスクロールできます。

3 パネル類を折り畳む／展開する

1 パネル名の▶をクリックすると、

2 パネルが展開され、内容が表示されます。

 ▶は▼に変わります。

3 ▼をクリックすると、

▼は▶に変わります。

4 パネルを折り畳むことができます。

STEPUP

ツールバーの表示／非表示を切り替える

グリッド表示で写真を表示する領域を少しでも広くしたいときなどには、＜表示＞メニューの＜ツールバーを隠す＞をクリックすることで、画面下部のツールバーを非表示にすることができます。再度表示するには＜表示＞メニューの＜ツールバーを表示＞をクリックします。Tを押すことで表示／非表示を切り替えることもできます。

HINT

ライブラリと現像モジュールのショートカットキー

ライブラリモジュールのグリッド表示やルーペ表示、現像モジュールには、それぞれG E Dが割り当てられています。これらはよく使うので、覚えておくと効率よく作業ができます。また、グリッド表示で写真を選択した状態でスペースを押すとルーペ表示に切り替わり、さらにスペースを押すと画面の一部が＜1：1＞に拡大表示されます。もう一度スペースを押すと全画面表示に戻ります。

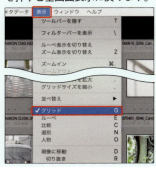

Section 09 新しいカタログファイルを作成しよう

`CC` `RAW` 新規カタログ
`Classic` `JPEG` カタログを開く

Lightroom Classic CCでは、用途などに応じて複数のカタログファイルを作成することが可能です。ここでは**新しいカタログを作成する方法**、および**作成したカタログの開き方**を説明します。

1 新しいカタログを作成して保存する

1 <ファイル>メニューをクリックし、
2 <新規カタログ>をクリックします。

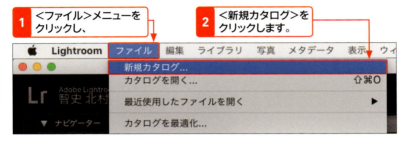

新規カタログを保存する画面が表示されます。

3 新しいカタログの<名前>を入力し、
4 保存先を確認して、
5 <作成>をクリックします。

6 開いていたカタログが閉じ、作成した新しい空のカタログが開かれます。

HINT

カタログの保存

開いているカタログは、Lightroom Classic CCを終了するか、ほかのカタログを開く際に閉じられます。このときに、カタログに読み込んだ写真の情報や補正した内容なども自動的に保存されるので、ユーザーがカタログを保存する操作を行う必要はありません。

STEPUP

カタログファイルの保存場所

初期設定でのカタログファイルの保存場所は、「ピクチャ」フォルダー内の「Lightroom」フォルダーの中ですが、これをSSDなどのアクセススピードが速いストレージメディアに移動させることで、Lightroom Classic CCの動作を高速化できます。カタログファイルを別ドライブに移動するには、「Lightroom」フォルダーを新しい場所にコピーしてから、その中の「Lightroom Catalog.lrcat」をダブルクリックしてLightroom Classic CCを起動します。

2 保存されているカタログを開く

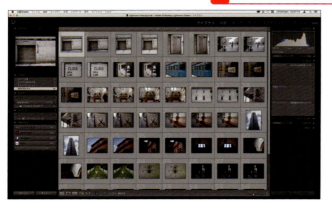

STEPUP

起動時に開くカタログの設定

カタログに読み込んだ写真の枚数が多くなると、起動に要する時間は長くなります。そのため、複数のカタログで写真を管理するようなときは、使用するカタログから開くようにしたほうが時間を節約できることになります。その場合は、開きたいカタログファイルをダブルクリックしてLightroom Classic CCを起動するか、＜Lightroom＞メニュー→＜環境設定＞をクリックし（Windowsでは＜編集＞メニュー→＜環境設定＞）、＜一般＞タブの＜カタログ初期設定＞で、＜前回のカタログを読み込み＞から＜Lightroomの起動時にダイアログを表示＞に変更しておくと、起動時に「カタログを選択」画面が表示されるようになります。

HINT

Lightroomフォルダーの内容

「Lightroom」フォルダーには、Lightroom Classic CCのカタログファイルである「Lightroom Catalog.lrcat」のほか、表示速度を高速化するためのプレビューデータを収納した「Lightroom Catalog Previews.lrdata」フォルダーがあります。また、Lightroom Classic CCの起動中は「Lightroom Catalog.lrcat-wal」と「Lightroom Catalog.lrcat.lock」という名前の一時ファイルが作成されます（この2つは、Lightroom Classic CCの終了時に自動的に削除されます）。

Section 10 ライブラリモジュールの各部の機能を知ろう

  ライブラリモジュール　パネル

Lightroom Classic CCの**ライブラリモジュール**では、カタログ内の写真を閲覧するほか、レーティングやフラグを使って分類したり、キーワードなどで検索したりなどの作業を行います。

1 ライブラリモジュールの画面の概要

モジュールピッカー：モジュールの切り替えを行います。

左側パネル：表示する写真が保存されているフォルダーを選択したり、公開するためのパネルがあります。

右側パネル：写真を手早く補正したり、キーワードなどを入力するためのパネルがあります。

画像表示領域：この領域に写真が一覧または1枚表示されます。

フィルムストリップ：写真を帯状に並べて表示します。レーティングやカラーラベルなどによる絞り込み表示も可能です。

ツールバー：画面表示の切り替え、レーティングやカラーラベル、フラグを設定するツールがあります。

上下左右の4つのパネルは4辺の中央の■をクリックすると折り畳むことができます。再度展開するには■をクリックします。

2 左右のパネルの内容

左パネル

右パネル

左パネル	
❶	**ナビゲーターパネル** 選択している写真のサムネールが表示されます。拡大表示中は、拡大している部分に枠線が表示されます。
❷	**カタログパネル** カタログ内に保存されている写真の総数、クイックコレクションに含まれる写真の枚数などが表示されます。クリックして選択すると該当する写真を閲覧できます。
❸	**フォルダーパネル** 写真が保存されているフォルダーが表示されます。クリックして選択すると該当する写真を閲覧できます。
❹	**コレクションパネル** 任意の写真を集めておけるコレクション、設定した条件に合致する写真を自動的に集めるスマートコレクションなどが一覧表示されます。クリックして選択すると該当する写真を閲覧できます。
❺	**公開サービスパネル** flickrやFacebookなどのWebサービスで公開するための設定などを行います。クリックして選択すると該当する写真を閲覧できます。

右パネル	
❶	**ヒストグラムパネル** 選択している写真の輝度の分布状況を確認できます。
❷	**クイック現像パネル** かんたんな操作でホワイトバランスや階調を調整できます。内容は現像モジュールの基本補正パネルとほぼ同じです。
❸	**キーワードパネル** 写真を整理、検索するためのキーワードを入力します。また、入力作業を効率化する「候補キーワード」「キーワードセット」もあります。
❹	**キーワードリストパネル** 設定したキーワードが一覧できます。また、キーワードを階層化して見やすくできます。
❺	**メタデータパネル** 写真に記録されている撮影データなどを確認したり、追加したりできます。「初期設定」「EXIF」「IPTC」「場所」などに切り替えられます。
❻	**コメントパネル** 公開サービスで公開している写真に対して投稿されたコメントが表示されます。

3 グリッド表示とルーペ表示

1 大きくして見たい写真をクリックして選択し、

2 ＜ルーペ表示＞をクリックすると、

3 その写真が画像表示領域に大きく表示されます。

STEPUP

サムネールの表示サイズ

グリッド表示では、写真のサムネールが格子状に並んだ状態で表示されます。サムネールのサイズはツールバーの＜サムネール＞スライダーを左右に動かすことで調節できます。また、□ で縮小、□ で拡大が可能です。

STEPUP

ライブラリ表示オプション

＜表示＞メニュー→＜表示オプション＞をクリックして表示されるライブラリ表示オプションの画面では、グリッド表示の表示スタイルを好みに応じて変更できます。初期設定は＜コンパクトセル＞ですが、本書ではより情報量の多い＜拡張セル＞をカスタマイズして使用しています。ライブラリ表示オプションについてはP.246を参照してください。

HINT

ルーペ表示でのズームレベル

ルーペ表示で表示される写真の大きさは、ナビゲーターパネル右上のボタンを使って、写真の四隅まで見られる＜全体＞や、画像表示領域いっぱいになる＜フル＞、写真の1ピクセルが画面の1ピクセルとして表示される＜1:1＞などに変えられます。また、をクリッ クして表示されるメニューからは1:16から11:1の範囲で表示倍率を選ぶこともできます。初期設定の状態では、写真の一部をクリックすると、その場所を中心に1:1表示に切り替わり、再度クリックすると全体に戻ります。また、ツールバーに＜ズーム＞スライダーを表示して、左右にドラッグすることでも倍率を変えられます。

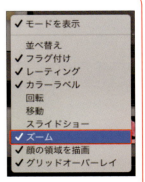

4 比較表示と選別表示

比較表示

1 ＜比較表示＞をクリックすると、
2 2枚の写真を並べて見比べることができます。

（画像内ラベル：選択／候補／右上のMEMO参照／入れ替え／選択）

選別表示

1 ＜選別表示＞をクリックすると、
2 グリッド表示で選択した写真を並べて見ることができます。

↓

3 Ctrl（Macではcommand）を押しながら、

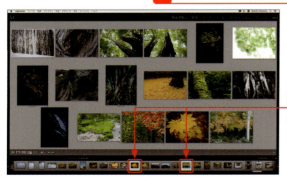

4 サムネールをクリックすると、
5 選別表示の画面に、写真を追加できます。

MEMO

比較表示

グリッド表示で1枚の写真を選択した状態で比較表示に切り替えると、選択している写真が「選択」として、その右隣の写真が「候補」として表示されます。ツールバーの■■をクリックすると、「候補」が隣の写真に切り替わります。「選択」の代わりに「候補」の写真を残したいときは、ツールバーの＜入れ替え＞または＜選択＞をクリックします。

STEPUP

比較表示で写真を拡大する

比較表示でも拡大表示が可能です。2枚の写真を1：1表示にして見比べることで、よりブレの少ない写真、よりシャープな写真を選び出せます。なお、それぞれの写真の別々の場所を拡大したい場合などは、ツールバーの＜比較＞の■をクリックして同期を解除し、スクロールします。

HINT

選別表示の画面から写真を取りのぞく

選別表示の画面から不要な写真を取りのぞきたいときは、その写真にマウスカーソルを重ね、写真の右下に表示される✕をクリックします。

Section 11 現像モジュールの各部の機能を知ろう

CC / Classic / RAW / JPEG　現像モジュール　パネル

Lightroom Classic CCの現像モジュールでは、写真の**明るさや色合いを調整**したり、不要な部分を**カット**したりできるほか、写真にさまざまな**エフェクトを適用**して雰囲気よく演出することもできます。

1 現像モジュールの画面の概要

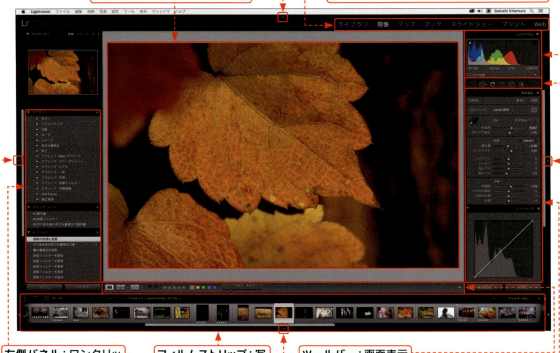

モジュールピッカー：モジュールの切り替えを行います。

画像表示領域：この領域に写真が一覧または1枚表示されます。

ツールストリップ：写真のトリミングや部分的な補正のためのツールがあります。

ヒストグラム：写真の明暗の調子などが把握できるほか、白飛びや黒つぶれを確認するのに役立ちます。

左側パネル：ワンクリックで印象的な写真に仕上げられる<プリセット>や、補正操作の履歴がわかる<ヒストリ>などのパネルがあります。

フィルムストリップ：写真を帯状に並べて表示します。レーティングやカラーラベルなどによる絞り込み表示も可能です。

ツールバー：画面表示の切り替えのほか、画面の水平などを確認するためのグリッド（格子線）を表示するためのツールがあります。

右側パネル：写真の明るさや色合いなどを細かく補正する機能を持ったさまざまなパネルがあります。

上下左右の4つのパネルは4辺の中央の▼をクリックすると折り畳むことができます。再度展開するには▬をクリックします。

52

2 左右のパネルの詳細

左パネル

右パネル

左パネル

❶	**ナビゲーターパネル**	選択している写真のサムネールが表示されます。拡大表示中は、拡大している部分に枠線が表示されます。
❷	**プリセットパネル**	さまざまなエフェクトをワンクリックで適用できるプリセットがあります。
❸	**スナップショットパネル**	写真を補正する途中の状態に名前を付けて保存しておけます。
❹	**ヒストリーパネル**	写真を補正した手順を確認できるほか、任意の状態に戻すことができます。
❺	**コレクションパネル**	任意の写真を集めておけるコレクション、設定した条件に合致する写真を自動的に集めるスマートコレクションなどが一覧表示されます。クリックして選択すると該当する写真を閲覧できます。

右パネル

❶	**ヒストグラムパネル**	選択している写真の輝度の分布状況を確認できます。
❷	**ツールストリップ**	切り抜き（トリミング）、スポット修正、赤目修正、段階フィルター、円形フィルター、補正ブラシがあります。
❸	**基本補正パネル**	ホワイトバランスや露光量（写真の明るさ）、コントラストといった基本的な要素を補正します。
❹	**トーンカーブパネル**	写真の明るさを微調整するためのツールです。
❺	**HSL／カラーパネル**	色味の微調整や白黒写真の効果を高めるのに利用します。
❻	**明暗別色補正パネル**	カラーや白黒写真に特殊な色効果を施したいときに利用します。
❼	**ディテールパネル**	写真のシャープさを高めたり、ノイズによるざらつきを軽減したりする機能を設定します。
❽	**レンズ補正パネル**	レンズの特性に起因するレンズ収差の補正や周辺光量の低下などの補正を行います。
❾	**変形パネル**	上すぼまりに写った建物をまっすぐに補正したり、遠近感を誇張したりできます。
❿	**効果パネル**	写真の周辺部分の明るさを変えたり、粒状感を加えたりして印象的な写真に仕上げられます。
⓫	**キャリブレーションパネル**	カメラごとの初期的な補正の設定を行います。上級者向けの設定で、通常は操作する必要はありません。
⓬	**前の設定**	直前に行った写真の設定内容を、ほかの写真に適用できます。
⓭	**初期化**	補正した内容を取り消し、読み込んだときの状態に戻します。

11　現像モジュールの各部の機能を知ろう

1　Lightroomの基本を知ろう

53

3 さまざまなパネルの機能を使って写真を補正する

基本補正パネルで明るさなどを補正します　→2章参照

補正の前後の写真を見比べられます　→Sec.13参照

さまざまなプリセットを使って写真を加工できます

MEMO

現像モジュールでできること

現像モジュールにはさまざまな機能を持ったパネルやツールが用意されていて、写真を効率よくかつ高品位に仕上げることができます。

HINT

作業を効率化するために不要なパネルを閉じる

操作に必要のないパネルを閉じることで、画像表示エリアを広くでき、そのぶん写真を大きくして見られます。画面の小さなノートパソコンなどでLightroom Classic CCを快適に使うためのコツです。

HINT

グリッドの表示

写真の水平や垂直を確認したいときなどに便利なグリッド（格子線）を表示するには、ツールバー右端の▼をクリックし、表示されるメニューの＜グリッドオーバーレイ＞をクリックしてオンにしてから、＜グリッドを表示＞の右端の▼をクリックして＜常にオン＞をクリックします。この状態でCtrl（Macではcommand）を押している間だけグリッドのオプションが表示され、＜サイズ＞（線の間隔）と＜不透明度＞（線の濃さ）を変更できます。

写真の不要な部分をカットしたり、傾きを直したりできます →Sec.33参照

白飛びや黒つぶれした部分を強調表示できます　　クリッピングインジケーター

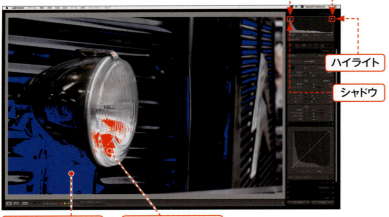

ハイライト
シャドウ
黒つぶれ（シャドウ）　白飛び（ハイライト）

HINT

写真の拡大表示

ライブラリモジュールのルーペ表示と同様に、現像モジュールでも写真の一部を拡大することができます。ディテールパネルの＜シャープ＞の＜適用量＞や、＜ノイズ軽減＞の＜輝度＞などの数値を調整する際は1：1表示で操作するのが定石です。

MEMO

クリッピングを表示する

ヒストグラムパネルの左右上部にある2つの＜クリッピングインジケーター＞をクリックしてオンにすると、画面上でクリッピング（白飛びや黒つぶれして階調がなくなった部分）を確認できます。それぞれ、白飛びは赤、黒つぶれは青で表示されます。再度＜クリッピングインジケーター＞をクリックしてオフにすると表示を消せます。また、それぞれの＜クリッピングインジケーター＞にマウスカーソルを重ねると、一時的に白飛びまたは黒つぶれを表示します。なお、Jを押すことでクリッピング表示を切り替えられます。

HINT

ライブラリモジュールでのクイック現像

ライブラリモジュールのクイック現像パネルで、現像モジュールの基本補正パネルとほぼ同様の補正が行えます。操作は各項目の◀をクリックして表示される項目の◀や▶をクリックして行います。クイック現像はグリッド表示の状態でも可能です。

補正前

補正後

グリッド表示の状態で、露光量をプラス1段補正（▶▶を1回クリック）したときの補正結果です。

Section 12 現像モジュールでの基本的な操作を覚えよう

CC Classic / RAW JPEG / 現像モジュール 基本補正パネル

Lightroomにはとても多くの機能があって難しそうに見えますが、写真を補正するときの操作はかんたんです。ここではLightroom Classic CCの現像モジュールでの**基本操作**について解説します。

1 スライダーを使って操作する

1 操作したい項目（ここでは＜露光量＞）のスライダーを、

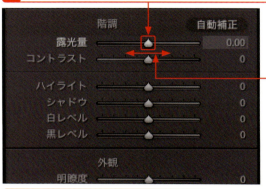

2 マウスで左右にドラッグします。

操作に応じて写真の明るさが変化します。

HINT

クリック操作で選択する

ほとんどの項目はスライダーを左右に動かして操作しますが、たとえば、＜色表現＞の＜カラー＞と＜白黒＞のようにクリック操作で選択したり、＜WB＞のようにポップアップメニューから選択する項目もあります。

2 カーソルキーを使って操作する

1 スライダーにマウスカーソルを重ねて、

2 ↑ を押すと、

3 数値が「+0.10」に変わります。

4 ↓ を押して数値を「0.00」に戻してから、Shift を押しながら ↑ を押すと、

5 数値が「0.33」に変わります。

MEMO

スライダー補正より細かく補正するには

露光量の場合、↑↓を押すごとに、数値は「0.10」ずつ変化し、Shift（Macではshift）を押しながら↑↓を押すと、「0.33」ずつ変化します。なお、＜コントラスト＞などほかの項目では、↑↓を押すごとに数値は「5」ずつ変化し、Shift（Macではshift）を押しながら↑↓を押すと、「20」ずつ変化します。

3 数値を直接入力して操作する

1 操作したい項目（ここでは＜露光量＞）の数値の欄をクリックすると、

2 数字部分が反転し、数値を直接入力できます。

HINT
露光量だけ数値が違う理由

＜露光量＞の数値は、カメラの露出と同じと考えてかまいません。たとえば、「+1.0」の露出補正をして撮った写真と、補正なしで撮ってLightroomの＜露光量＞で「+1.00」に補正した写真は、ほぼ同じ明るさになります。

4 ツールを使って操作する

1 ＜ホワイトバランス選択＞ツールをクリックして、

2 写真の中のニュートラルなグレーにしたい部分をクリックすると、

3 その部分が色の偏りのないグレーになるように補正されます。

HINT
ツールとスライダーを併用して微調整する

＜ホワイトバランス選択＞ツールで補正したホワイトバランスを、＜色温度＞と＜色かぶり補正＞のスライダーを使って微調整できます。たとえば、白熱灯で撮った写真を雰囲気よく仕上げるには、＜ホワイトバランス選択＞ツールで補正後に＜色温度＞スライダーを、右に「400」～「600」ほど調整すると、ほどよい温かみのある色調に仕上げられます。

STEPUP
操作の取り消し／やり直し

Lightroomでは一般的なソフトウェアと同様、直前の操作の「取り消し」や「やり直し」が可能です。ショートカットキーは、「取り消し」が Ctrl + Z 、「やり直し」は Ctrl + Shift + Z （Macでは command + Z と command + shift + Z ）です。

「露光量 = 1.08 (+0.33)」の取り消し

STEPUP
Lightroom CCでの補正

Lightroom CCでの補正の方法は、Lightroom Classic CCと基本的には同じです。編集パネルにある＜露光量＞＜コントラスト＞などの各項目は、ここで解説したのと同じ方法で補正が行えます。補正できる範囲なども共通です。

Section 13 補正の前後やほかの写真と並べて見比べよう

CC / Classic / RAW / JPEG / 補正前と補正後 / 参照ビュー

Lightroom Classic CCでは画面を2つに分割して、**補正前**と**補正後**の状態を**並べて表示**できます。また、補正済みのほかの写真と見比べながら作業を進める**「参照ビュー」**が**新しく追加**されています。

1 補正前と補正後のビューを切り替える

1 ＜補正前と補正後のビューを切り替え＞をクリックします（右のSTEPUP参照）。

2 画面が2分割され、補正前と補正後の写真が並んで表示されます。

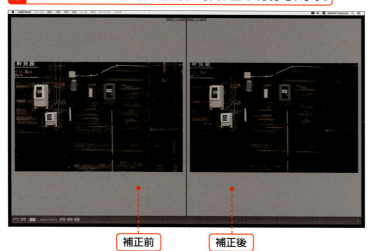

補正前　補正後

STEPUP

補正前後の設定をコピー

ツールバーの＜補正前と補正後のビューを切り替え＞をクリックすると、補正前後の設定をコピーしたり、設定を入れ替えたりできます。

❶ ：＜補正後＞ビューが補正を行う前の状態に戻ります。

❷ ：＜補正前＞ビューが補正後の状態になります。追加の補正を行うときに、前後を比較しやすくなります。

❸ ：＜補正前＞と＜補正後＞のビューが入れ替わります。補正したイメージを残しつつ、補正内容をリセットできます。

HINT

Lightroom CCで元画像を表示する

Lightroom CCでは、ツールバーの ＜元画像を表示＞をクリックすると（または￥を押す）、画面表示が補正前のビューに切り替わります（補正が無効になるわけではありません）。＜元画像を非表示＞をクリックすると補正後のビューに戻ります。

2 補正済みの別の写真を参照しながら補正を行う

1 フィルムストリップを表示した状態で、

2 <参照ビュー>をクリックし、

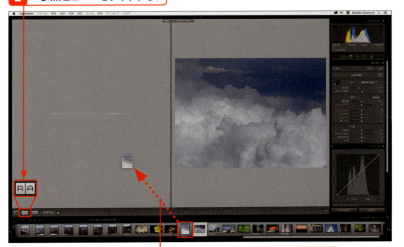

3 参照したい写真をフィルムストリップからドラッグ&ドロップします。

4 <参照>ビューの写真を見ながら、<アクティブのみ>ビューの写真を補正します。

補正前

補正後

STEPUP

参照ビューでカメラの画像仕上げをシミュレートする

「参照ビュー」は、LightroomでのRAW現像の結果を、カメラのJPEG画像に近づけたいときなどに活用できます。この場合、カラーチャートなどを撮影したJPEGとRAWを別々の画像として読み込み、JPEGを参照ビューにして見比べながらRAWを調整します。調整時は、ヒストグラムの下に、マウスカーソルがある位置のRGB値(「参照している写真の数値」/「補正中の写真の数値」形式です)が表示されます。

HINT

参照写真のロック

初期設定の状態では、現像以外のモジュールに切り替えると参照写真は解除されますが、ツールバーの🔒をクリックしてロックすると、参照写真として保持されます。

HINT

表示モードの切り替え

参照ビューの表示モードは、ツールバーの<参照ビュー>をクリックするか、アイコン右の▼をクリックして表示されるメニューから<参照ビュー - 左/右>または<参照ビュー - 上/下>に切り替えられます。画像表示エリアの大きさや写真の縦横などに合わせて見やすいほうを選びます。

Section 14 ヒストリーとスナップショットをマスターしよう

CC / Classic / RAW / JPEG
ヒストリー
スナップショット

現像モジュールで行った写真の補正の手順は、すべて**ヒストリーに記録**され、いつでも途中の段階に戻ることができます。また、写真の補正中の状態を**スナップショットとして保存**しておくことも可能です。

1 ヒストリーの使い方

1 各補正パネルなどで行った操作の履歴は、
2 ヒストリーパネルに記録されていきます。

3 パネル内の項目をクリックすると、

4 その時点で補正した写真が表示されます。

KEYWORD

ヒストリー

「ヒストリー」は、写真を仕上げるまでの間に行った補正操作を記録したもので、ライブラリモジュールのクイック現像パネルでの操作も対象となります。パネル内の最上段の項目が最新の作業履歴で、下に行くほど古い作業履歴となります。

HINT

ナビゲーター上での補正履歴の確認

ヒストリーパネル内の項目にマウスカーソルを重ねると、その段階にさかのぼった状態の写真がナビゲーターに表示されます。補正操作を何段階かまとめて取り消したいときなどに、どこまでさかのぼるのかの目安にできます。

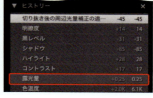

2 スナップショットを作成する

1 <スナップショットを作成>の+をクリックします。

2 「新規スナップショット」の作成画面が表示されます。

日付と時刻は自動的に挿入されます。

3 スナップショットの名前を入力して、

4 <作成>をクリックします。

5 スナップショットが保存されました。

KEYWORD

スナップショット

「スナップショット」は、補正を行っている途中の任意の状態に名前を付けて保存しておける機能です。スナップショットを作成しておくと、ヒストリーで補正途中に戻ったときも、作成したスナップショットをクリックするだけでその時点の状態にできます。完成した写真に対して雰囲気の違う補正を行いたいときなどに、あらかじめスナップショットを作成しておくと、もとの状態に戻すのが容易になります。

MEMO

スナップショットの名前

スナップショットの名前は自由に付けられます。スナップショットの作成時には、<スナップショット名>欄に自動的に日付と時刻が挿入されますが、不要であれば消してしまってもかまいません。

MEMO

スナップショットの表示順序

保存したスナップショットの表示順序はアルファベット順です。作成した順に並べたい場合は、日付と時刻を残しておくか、連続した番号を付けるなどして新旧などがわかりやすい状態にしておくことをおすすめします。

3 スナップショットを利用して複数の補正方法を試す

1 現像モジュールで補正済みの写真を表示しておきます。

2 P.61を参照してスナップショットを作成します。

3 ヒストリーパネルでいちばん下の「読み込み」をクリックして、写真を読み込んだ直後の状態に戻します。

雰囲気の違う写真に仕上げ直します。

4 任意のヒストリーで再度スナップショットを作成します。

5 保存した＜スナップショット＞を交互にクリックすることで、

6 2とおりの仕上がりを見比べられます。

STEPUP

画質を劣化させない非破壊編集

Lightroomに採用されている非破壊編集方式は、補正の手順や量だけを料理のレシピのように記録し、もとの写真ファイルには手を加えません。そのため、補正作業中に画質が劣化する心配はまったくありません。Lightroom上で行ったさまざまな補正操作は、写真を別ファイルとして書き出すときやプリントする際に適用されますが、その影響は最小限に抑えられます。保存の繰り返しで画質が劣化するJPEG形式の写真であっても、安心して補正できます。

HINT

ヒストリーパネル上でスナップショットを作成する

補正途中の状態のスナップショットを作成する場合は、ヒストリーパネルの任意の項目上で右クリック（Macでは[control]を押しながらクリック）して表示されるメニューから＜スナップショットを作成＞を選択します。このとき、ヒストリーの項目の名前がスナップショットの名称となることに注意してください。

第2章

基本的な補正テクニックを知ろう

Section

15 基本的な補正操作と補正の順番を覚えよう

16 プロファイルで写真の仕上げを選択しよう

17 ホワイトバランスで色調を補正しよう

18 色温度と色かぶり補正で色調を補正しよう

19 露光量で写真の明暗を整えよう

20 コントラストでメリハリのある写真にしよう

21 ハイライトで明るい部分を補正しよう

22 シャドウで暗い部分を補正しよう

23 白レベルでもっとも明るい部分を補正しよう

24 黒レベルでもっとも暗い部分を補正しよう

25 明瞭度でメリハリのある写真にしよう

26 かすみの除去で遠景をくっきりさせよう

27 彩度と自然な彩度で鮮やかな写真にしよう

28 トーンカーブで階調を補正しよう

29 トーンカーブで部分的に写真を補正しよう

30 写真の中をドラッグしてトーンカーブを補正しよう

31 プロファイル補正でレンズ収差を補正しよう

32 色収差を除去して色にじみを修正しよう

33 不要な部分をカットして写真を整えよう

34 シャープとノイズ軽減で写真を仕上げよう

Section 15 基本的な補正操作と補正の順番を覚えよう

CC | RAW | 現像モジュール
Classic | JPEG | 基本補正パネル

Lightroom Classic CCの基本補正パネルでは、写真の印象をおおまかに決定します。多くの場合はこの基本補正パネルでの調整だけで仕上げられます。ここでの補正の操作の進め方を説明します。

1 基本補正パネルにある項目を知る

基本補正パネルは現像モジュールの右側のパネルのいちばん上にあります。

<階調>のパートの上側には、写真の明るさとコントラストをおおまかに整える項目があります。

<階調>のパートの下側には、暗部や明部を個別に微調整する項目があります。

<色表現>では、<カラー>と<白黒>を選びます。

<WB>（ホワイトバランス）はポップアップメニューやスライダーで操作します。JPEGの場合は、表示されるプリセットのメニューが異なります。

<外観>には、画面のメリハリ感や鮮やかさを整えるための機能があります。

MEMO

基本補正パネルの項目

❶色表現：写真をカラーか、白黒で仕上げるかを選択します。

❷プロファイル：写真を仕上げるための基本的な方向性を候補から選択します。

❸色温度：写真の色味を調整します。

❹色かぶり補正：グリーンとマゼンタの色の偏りを調整します。

❺露光量：写真の明るさを調整します。

❻コントラスト：中間の明暗の差を調整します。

❼ハイライト：明るい部分の明るさを調整します。

❽シャドウ：暗い部分の明るさを調整します。

❾白レベル：写真のもっとも明るい部分の明るさを調整します。

❿黒レベル：写真のもっとも暗い部分の明るさを調整します。

⓫明瞭度：部分的にコントラストを高めることで、メリハリ感を加えます。

⓬かすみの除去：遠景のかすみを取りのぞいてクリアな描写にします。

⓭自然な彩度：色飽和を抑えつつ、鮮やかさを調整できます。

⓮彩度：鮮やかさを均等に調整します。

2 基本補正パネルの操作フロー

基本的には上のパートから順に補正していきます。

1 ライブラリモジュールで補正する写真をクリックして選択し、現像モジュールに切り替えます。

2 <ホワイトバランス>で色味を補正します。変更しない場合は撮影時の設定が使用されます。

3 <露光量>で画面の明るさを、<コントラスト>で全体の調子を補正します。

4 <ハイライト><シャドウ><白レベル><黒レベル>の各部の明るさを補正します。

5 必要に応じて<明瞭度>や<かすみの除去>でくっきり感を強調します。また、<自然な彩度>や<彩度>を使って、鮮やかさを補正します。

全体が明るく明暗もはっきりとし、バランスよい写真に仕上がります（右のHINT参照）。

NEW

プロファイル

プロファイルは、写真の基本的な発色特性やコントラストなどを一括で変更できるもので、ピクチャースタイルやピクチャーコントロールといったカメラの画像仕上げ機能と同様のものです。本書では原則として「Adobe標準」を固定的に使用しています。詳しくはP.66を参照してください。

MEMO

Lightroom CCでの操作

Lightroom CCでは、ここで紹介した項目は<編集>パネルの<ライト><カラー><効果>の3つのパネルにあります。操作方法や順番はLightroom Classic CCと同様と考えてかまいません。

HINT

上から順に調整する理由

Lightroomは、上の項目から順に操作するように設計されています。彩度を上げてからコントラストを上げると色飽和（色つぶれ）が起きやすくなりますが、コントラストを先に補正してから彩度を調整すれば、色飽和は防ぎやすくなります。

MEMO

RAWとJPEGの違い

RAW形式の写真はRAW現像ソフトウェアで仕上げることを前提にしており、さまざまな映像表現に対応できるように、JPEG形式の写真よりも多くの情報が格納されています。ファイルサイズは大きくなりますが、そのぶん補正の幅が広くなっています。

Section 16 プロファイルで写真の仕上げを選択しよう

CC Classic | RAW JPEG | プロファイル Adobe標準

プロファイルを利用することでかんたんに写真の雰囲気を変えられます。仕上げたいイメージに合わせてプロファイルを選ぶほか、カメラの画像仕上げ機能をシミュレートすることも可能です。

1 プロファイルを選んで写真を色鮮やかにする

1 <プロファイル>の<Adobe標準>をクリックし、

2 表示されるメニューから<Adobeビビッド>をクリックします。

3 コントラストが高くなり、同時に色も鮮やかになります。

NEW

プロファイル

「プロファイル」は、仕上がりイメージを左右する要素で、写真を調整していく方向性などに合わせて選びます。最新バージョンではキャリブレーションパネルから基本補正パネルに移動しており、写真を作品に仕上げる最初のステップとして利用します。本書は、たとえば「紅葉をより印象的に仕上げたい」といった意図に合わせた補正の方法を紹介するのが目的なので、あえて仕上がりイメージに合ったプロファイルを選ばずに、ベーシックな「Adobe標準」のまま解説しています。

HINT

AdobeカラーとAdobe標準

従来版のLightroom Classic CCで読み込んだ写真には、「Adobe標準」が適用されているのに対し、最新版で読み込んだ写真には新しい「Adobeカラー」が適用されます。AdobeカラーはAdobe標準とほぼ同じ発色特性で、コントラストが「＋20」程度高くなります。本書ではAdobe標準を基本にしているので、サンプル画像をご利用の際は、プロファイルをAdobe標準に切り替えてください。

2 カメラの画像仕上げ機能をシミュレートする

1 <プロファイル>の<Adobe標準>をクリックし、

2 表示されるメニューから<参照>をクリックします。

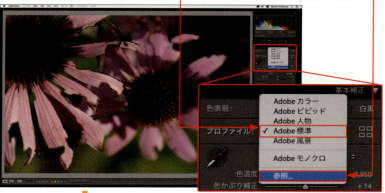

MEMO

カメラマッチング

「カメラマッチング」は、撮影したカメラメーカーの画像仕上げ機能をシミュレートしたもので、カメラに搭載されているものとほぼ同じ項目が用意されています（白黒が省略されていていたり、対応していないカメラもあります）。カメラの純正RAW現像ソフトでの仕上がりに近づけたい場合などに利用します。

3 <カメラマッチング>をクリックして、

4 選択したい<プロファイル>（ここでは<CLASSIC CHROME>）をクリックします。

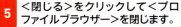

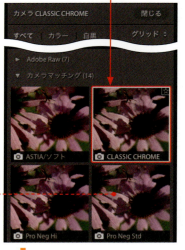

表示されるサムネールにマウスカーソルを重ねると、その<プロファイル>が一時的に反映されます。

HINT

プロファイルブラウザー

<プロファイルブラウザー>の初期設定はサムネール画像が表示される<グリッド>ですが、より大きなサムネールが見られる<大>やコンパクトに表示される<リスト>も選べます。<アーティスティック>や<ビンテージ>の各項目を選択すると、<適用量>スライダーが表示され、効果の度合いを選択できます。また、サムネールの右上の「☆」をクリックすると、そのプロファイルを<お気に入り>に追加できます。

1 「☆」をクリックすると、

2 <お気に入り>に追加され、すばやく選択できるようになります。

5 <閉じる>をクリックして<プロファイルブラウザー>を閉じます。

Section 17 ホワイトバランスで色調を補正しよう

`CC` `Classic` `RAW` `JPEG` ホワイトバランス / プリセット

ホワイトバランスは、写真の色味を適切に仕上げるための機能です。カメラのホワイトバランスと同じように設定しますが、Lightroomでは、より**柔軟**に、かつ**正確**に、そして**すばやく**補正できます。

1 ホワイトバランスのプリセットから選ぶ

1 WBの＜撮影時の設定＞をクリックし、

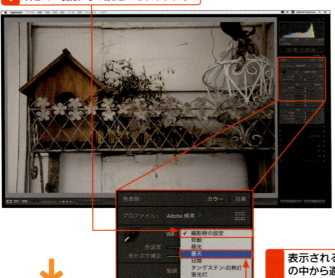

2 表示されるメニューの中から適切な項目をクリックします（ここでは＜曇天＞を選択）。

3 写真の色調が変化しました。

KEYWORD

ホワイトバランス

「ホワイトバランス」とは、正確な色再現を得るための機能で、白いものが白く写るように設定するところからそう呼ばれます。たとえば、蛍光灯照明下で撮影する場合、カメラのホワイトバランスを＜蛍光灯＞に設定すると、実際の被写体とほぼ同じ色に写ります。同様に、Lightroomでも＜蛍光灯＞を選ぶことで適切な色再現が得られます。

HINT

プリセットホワイトバランス

晴天の太陽光（昼光）や白熱灯、蛍光灯といった代表的な光源に対応するホワイトバランスの設定を、すばやく選択できるようにしたものを「プリセットホワイトバランス」と呼びます（カメラのメーカーによっては違う呼び方をします）。ただし、照明器具などの特性によって色味に違いが生じるため、プリセットホワイトバランスでは正しい色再現が得られない場合もあります。その際は、右ページの＜ホワイトバランス選択＞ツールを使って補正します。

2 ホワイトバランス選択ツールで補正する

1 ＜WB＞の左の＜ホワイトバランス選択＞ツールをクリックし、

2 写真の中のニュートラルなグレー（色の偏りがないグレー）に再現したい部分をクリックします。

3 色の偏りのない写真に仕上がりました。

MEMO

プリセットホワイトバランスの色調

ホワイトバランスのプリセットを変更することで、写真の色味は以下のように変化します。

プリセット：昼光

プリセット：日陰

プリセット：タングステン-白熱灯

プリセット：蛍光灯

プリセット：フラッシュ

MEMO

ホワイトバランス選択ツールのショートカット

＜ホワイトバランス選択＞ツール（Lightroom CCでは、＜ホワイトバランスセレクター＞）を選択するにはWを押します。キャンセルしたいときは、再度WまたはEscを押します。

Section 18 色温度と色かぶり補正で色調を補正しよう

CC Classic / RAW JPEG / 色温度 / 色かぶり補正

ホワイトバランスを補正するもう1つの方法が、**色温度**と**色かぶり補正**による調整です。より厳密な色再現が必要なときに効果的なだけでなく、意図的に色味を変えて仕上げたいときにも有用です。

1 色温度と色かぶり補正の使い方を知る

色温度を調整する

1. <色温度>のスライダーを左にドラッグし、
2. 数値を「4950」にすると、
3. 青みがかった寒色系の色調に変わります。
4. 反対に、右にドラッグして数値を「9450」にすると、黄色みを帯びた暖色系の色調に変わります。

KEYWORD

色温度

「色温度」は、光の色味をあらわす概念です。日中の太陽光は5000K（ケルビン）から5500K程度で、数値が高いほど青みが強く、低いほど黄色みが強くなります。一般的な白熱灯は3000K前後、蛍光灯は4000K前後です。Lightroomでは、RAWは2000Kから50000Kの範囲で、JPEGはマイナス100からプラス100の範囲で調整が可能です（右ページのHINTも参照）。

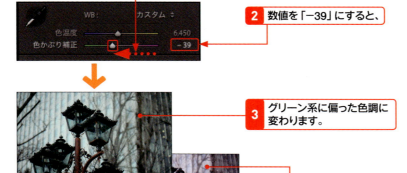

色かぶり補正を調整する

1. <色かぶり補正>のスライダーを左にドラッグし、
2. 数値を「－39」にすると、
3. グリーン系に偏った色調に変わります。
4. 反対に、右にドラッグして数値を「＋41」にすると、マゼンタ系に偏った色調に変わります。

KEYWORD

色かぶり補正

「色かぶり」とは、光源の特性などの影響で色味が偏っている状態のことで、これを補正して正確な色調にするための機能が「色かぶり補正」です。青みと黄色みの偏りは<色温度>で補正するので、<色かぶり補正>ではグリーン系とマゼンタ系の色の偏りを補正します。Lightroomでは、RAWはマイナス150からプラス150の範囲で、JPEGはマイナス100からプラス100の範囲で調整が可能です。

2 色温度を変えて温かみのある写真に仕上げる

補正前

> **MEMO**
>
> **光の色温度と写真の色味の関係**
>
> 光の色味は、色温度が高いほど青みが強くなりますが、Lightroomでは、＜色温度＞の数値を大きくするほど黄色みが強くなります。これは、色温度の高い光の青みを補正するために黄色みを加えているからで、数字から受ける印象とは逆になる点に注意してください。

1 ＜色温度＞のスライダーを左にドラッグし、

2 数値を「3800」から「5500」に変更します。

3 色かぶり補正でコケを鮮やかに演出する

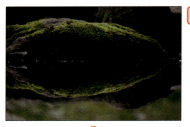

補正前

> **HINT**
>
> **RAWで撮るメリット**
>
> JPEGのメリットはファイルサイズが小さいことですが、RAWに比べて情報量が少ないからであり、そのぶん、補正に対する許容範囲も狭くなります。とくに、ホワイトバランスで色味を大幅に変化させるような場合には、画質が劣化したり、不自然な色再現になったりすることもあります。一方、RAWは情報量が多いため、補正によって画質が劣化する心配はありません。プロやハイアマチュアの多くがRAWを使うのはこういった理由があるからです。

1 ＜色かぶり補正＞のスライダーを左にドラッグし、

2 数値を「+5」から「-55」に変更します。

Section 19 露光量で写真の明暗を整えよう

| CC | RAW | 露光量 |
| Classic | JPEG | 露出補正 |

露光量は、写真の明るさを決める要素で、Lightroomでは主に中間調（明暗の幅の中の中間部分の明るさ）を変化させます。階調補正の要となるので、仕上がりイメージに合わせて調整します。

1 露光量の使い方を知る

プラスに補正する

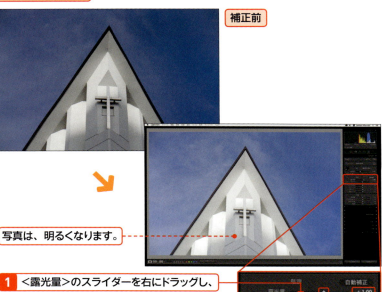

補正前

写真は、明るくなります。

1 ＜露光量＞のスライダーを右にドラッグし、

2 「＋1.00」に設定します。

マイナスに補正する

1 ＜露光量＞のスライダーを左にドラッグし、

2 数値を「－1.00」に設定します。

写真は暗くなります。

KEYWORD

露光量

「露光量」は、フィルムや撮像素子に当たる光の量のことです。露光量が多ければ写真は明るくなり、少なければ暗く仕上がります。同様に、Lightroomの＜露光量＞スライダーを右に動かす（数値を増やす）と写真は明るくなり、左に動かす（数値を減らす）と写真は暗くなります。

HINT

プラス補正とマイナス補正

撮影時に露光量を増やす（写真は明るくなる）ことを「プラスに補正する」と言い、露光量を減らす（写真は暗くなる）ことを「マイナスに補正する」と言います。

HINT

Lightroomの露光量とカメラの露出補正の関係

Lightroomで露光量を補正することは、撮影時にカメラで露出補正を行うのとほぼ同じ効果となります。たとえば「－1.00」の露出補正をして撮った写真を、Lightroomの＜露光量＞で「＋1.00」に補正すると、露出補正なしで撮った写真とほぼ同じ明るさになります。

2 露光量をプラス補正して暗い写真を明るくする

補正前

1 <露光量>のスライダーを右にドラッグし、

2 数値を「+0.55」に設定します。

白い壁のテクスチャーや光の濃淡の情報を残すために、意図的に暗めに撮った写真を、<露光量>で明るく補正しました。

HINT
適切な明るさで撮影するのが基本

RAWと言えども万能ではありません。真っ暗な写真を明るく補正するとノイズが増えてざらつきが目立つことになりますし、明るすぎて白飛びした部分は、<露光量>でマイナス補正しても濁った灰色になるだけで、階調や質感を取り戻すことはできません。このように、不適切な露出で撮った写真はLightroomを使ってもきれいには仕上がらないので、適切な露出で撮ることを心がける必要があることを忘れないでください。

3 露光量をマイナス補正して階調を回復させる

補正前

1 <露光量>のスライダーを左にドラッグし、

2 数値を「-0.75」に設定します。

白飛びはしていないものの、明るすぎて陰影が見えづらくなった雲の明るい部分を、<露光量>でマイナス補正して陰影を引き出しました。

MEMO
露光量で影響を受ける範囲

Lightroomの<露光量>は、主に中間の明るさの部分を補正します。<露光量>のスライダーや数値にマウスカーソルを重ねたときに、ヒストグラム上にやや明るく表示される領域がターゲットとなります。より明るい部分や暗い部分にも影響は及びますが、中間調の部分に比べるとその度合いは小さくなります。

Section 20 コントラストでメリハリのある写真にしよう

`CC` `RAW` コントラスト
`Classic` `JPEG` 中間調

コントラストは、明るい部分と暗い部分の対比のことで、写真のメリハリやくっきり感を調整する要素です。Lightroomでは露光量と同様に、主に中間調の明るさの部分に対して効果を及ぼします。

1 コントラストの使い方を知る

補正前

KEYWORD

コントラスト

「コントラスト」とは、一般には、写真の中の明るい部分と暗い部分の比を指します。コントラストが高いとメリハリが出て、くっきりした印象になります。反面、高くしすぎるとぎすぎすした画面になり、白飛びや黒つぶれが起きやすくなります。コントラストを低くすると柔らかな印象に仕上がりますが、低くしすぎるとぼんやりした「ねむい」写真になります。

プラスに補正する

1 <コントラスト>のスライダーを右にドラッグし、
2 数値を「+50」に設定します。

写真はくっきりとした印象になります。

HINT

Lightroomにおけるコントラストの効果

Lightroomの<コントラスト>は、主に中間調の明るさの部分を左右します。もっとも明るい部分やもっとも暗い部分を補正するのは<白レベル>や<黒レベル>で、それらと中間調の間は<ハイライト>と<シャドウ>が受け持ちます。<コントラスト>は、写真全体のおおまかな印象、メリハリ感を整える機能だと考えるとよいでしょう。

マイナスに補正する

1 <コントラスト>のスライダーを左にドラッグし、
2 数値を「−50」に設定します。

写真はやさしい雰囲気になります。

2 コントラストを上げてメリハリと色を引き出す

補正前

1 ＜コントラスト＞のスライダーを右にドラッグし、

2 数値を「+43」に設定します。

明暗の差が大きくなり、くっきりした画面になり、色も濃くなりました。

STEPUP

コントラストと色の鮮やかさの関係

コントラストと彩度（色の鮮やかさ）は別々のものですが、密接な関係があります。コントラストを上げることで色が濃くなり、より鮮やかに仕上がります。彩度が高い状態でコントラストを上げると色飽和が起きやすくなるため、彩度を補正する前にコントラストを補正しておくのが基本となります。

3 コントラストを下げて暗い部分の階調を引き出す

補正前

1 ＜コントラスト＞のスライダーを左にドラッグし、

2 数値を「−81」に設定します。

暗く沈んでいた陰の部分の階調がわずかながら浮き上がってきています。

STEPUP

コントラストと白飛びや黒つぶれの関係

Lightroomの＜コントラスト＞は、主に中間調の明るさの部分を補正するので、数値を高くしても明るい部分の白飛びや暗い部分の黒つぶれへの影響はそれほど大きくありません。また、階調の情報が残っていれば＜白レベル＞＜ハイライト＞で白飛びの軽減、＜黒レベル＞＜シャドウ＞で黒つぶれの軽減が可能です。

Section 21 ハイライトで明るい部分を補正しよう

CC / Classic / RAW / JPEG　ハイライト　白飛び

ハイライトは、**中間調ともっとも明るい（ハイエストライト）の間の領域**を補正する項目です。画面の中の明るい部分は目を引きやすいため、写真全体の印象にも大きく影響します。

1 ハイライトの使い方を知る

補正前

プラスに補正する

1 ＜ハイライト＞のスライダーを右にドラッグし、
2 数値を「＋50」に設定します。

明るい部分の明るさが増してメリハリのある写真になりますが、白い板壁のディテールや質感などは見えづらくなります。

マイナスに補正する

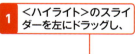

1 ＜ハイライト＞のスライダーを左にドラッグし、
2 数値を「−50」に設定します。

明るい部分が暗くなり、白い板壁のディテールや質感などは見やすくなりますが、地味でシマリのない印象になります。

KEYWORD

ハイライト

「ハイライト」は、階調（濃淡の調子）が読み取れる明るさや、その部分のことです。一般に、階調のない白飛び部分（「ハイエストライト」とも言います）を指すこともありますが、厳密には区別します。Lightroomでは中間調とハイエストライトの間の領域を指します。

HINT

ハイライトを補正するポイント

＜ハイライト＞は、写真の中の明るい部分を補正する際に利用します。明るくすると色味は薄く、ディテール（細部の凹凸などの描写）も不明瞭になりやすいので注意します。白飛びした部分の階調を引き出すのにも利用しますが、その場合は、もっとも明るい部分を補正する＜白レベル＞とも連携して補正を行います。

2 ハイライトを上げてメリハリを出す

補正前

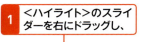
1 <ハイライト>のスライダーを右にドラッグし、

2 数値を「+42」に設定します。

明るい窓の部分がより明るくなったことで、明暗の差がはっきりしてメリハリのある写真になりました。

STEPUP
ヒストグラム上での操作

画面右上の<ヒストグラム>にマウスカーソルを重ねると、その領域が少し明るく表示されます。その状態で左右にドラッグすることでも、その領域の補正が可能です。<ハイライト>だけでなく、<露光量><シャドウ><白レベル><黒レベル>でも同様です。

3 ハイライトを下げて明るい部分の表情を引き出す

補正前

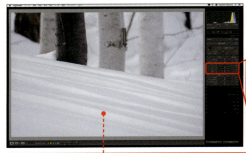

1 <ハイライト>のスライダーを左にドラッグし、

2 数値を「-87」に設定します。

明るすぎて判別しづらかった日なたと日陰の差がはっきりわかるようになり、雪面の表情がより引き出せました。

STEPUP
ヘッドルーム

JPEGでは白飛びしているのに、LightroomでRAWを補正すると階調が回復できる場合があります。これは、画像処理の都合上も受けられている余剰分（カメラメーカーの純正現像ソフトウェアでは、通常は利用しません）があるからで、これを「頭上の余白」という意味合いの「ヘッドルーム」と呼びます。この高輝度側の余裕分を活用できるのが、LightroomでRAW現像を行うメリットの1つです。

Section 22 シャドウで暗い部分を補正しよう

| CC | RAW | シャドウ |
| Classic | JPEG | 黒つぶれ |

シャドウは、**中間調ともっとも暗いディープシャドウの間の領域**を補正する項目です。暗く沈んだ部分を明るくして階調を見やすくしたり、逆に暗く落として画面を引き締めるのにも活用します。

1 シャドウの使い方を知る

補正前

STEPUP

シャドウ

「シャドウ」は、階調（濃淡の調子）が読み取れる暗さや、その部分のことです。厳密には、階調のない黒（塗りつぶしたように見えることから「黒つぶれ」と言います）である「ディープシャドウ」とは区別します。Lightroomでは中間調とディープシャドウの間の領域を指します。

プラスに補正する

1 ＜シャドウ＞のスライダーを右にドラッグし、
2 数値を「＋50」に設定します。

陰になった部分が明るくなってやさしい雰囲気になりますが、シマリのない画面になりやすいので注意します。

HINT

シャドウを補正するポイント

暗い部分の中に見せたいものがある場合、＜シャドウ＞の数値を上げて階調を引き出すことで、見せたい部分を強調できます。ただし、数値を上げすぎるとシマリのない画面になりやすいので、その場合は＜黒レベル＞を下げて調整します。また、補正の度合いによってはノイズが目立つこともあるので、その場合はディテールパネルの＜ノイズ軽減＞機能を使って補正します。

マイナスに補正する

1 ＜シャドウ＞のスライダーを左にドラッグし、
2 数値を「－50」に設定します。

陰の部分が暗くなって、白い壁の部分が目立つようになります。中間調の部分も影響を受けるので、＜ハイライト＞などで補正します。

2 シャドウを上げて暗く沈んだ部分のディテールを引き出す

補正前

1 ＜シャドウ＞のスライダーを右にドラッグし、

2 数値を「＋31」に設定します。

明るい背景を白飛びさせないよう暗めに撮り、さらに＜露光量＞を下げたぶん、暗くなったカラスの表情や羽毛の質感が引き出せました。

HINT
画質を優先するならなるべく低い感度で撮る

最近の一眼レフやミラーレスカメラであれば、ISO1600程度の高感度でもあまりノイズは目立ちません。しかしながら、＜シャドウ＞の数値を上げると高感度で撮った写真はノイズが増え、ざらついた画面になりやすいことを考えると、より高品位な作品づくりを目指すのであれば、できるだけ低感度で撮影するほうが有利となります。

3 シャドウを下げて主役となる被写体を目立たせる

補正前

1 ＜シャドウ＞のスライダーを左にドラッグし、

2 数値を「－68」に設定します。

暗めの背景をさらに暗くすることで、主役となる白い花をより目立たせることができます。

HINT
白い被写体のための露出の決め方

基本的には白いものが白く、黒いものが黒く写る露出で撮るのがセオリーですが、階調や細部の凹凸などを表現したい場合は、意図的に暗めの露出で撮影しておくことをおすすめします。白いものが白く写る露出にすると、あとで大幅な補正をしなくてはならないからです。やや暗めに撮っておいて、細部の再現を見ながら微調整するとよい結果が得やすいです。

Section 23 白レベルでもっとも明るい部分を補正しよう

`CC` `Classic` `RAW` `JPEG` 白レベル / 白飛び

白レベルは、写真の中の**もっとも明るい部分**（ハイエストライト）を補正する項目です。白をくっきりと表現したり、白飛び（階調のない白）を軽減したりするのに利用します。

1 白レベルの使い方を知る

補正前

プラスに補正する

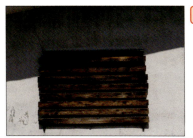

1. ＜白レベル＞のスライダーを右にドラッグし、
2. 数値を「+50」に設定します。

写真の中のもっとも明るい部分がさらに明るくなり、暗い部分との差がはっきりしてメリハリが出ます。白飛びしやすくなるので注意します。

マイナスに補正する

1. ＜白レベル＞のスライダーを左にドラッグし、
2. 数値を「-50」に設定します。

写真の中のもっとも明るい部分が暗くなり、画面全体がややネムイ調子になります。そのぶん、壁の細かな凹凸などは見やすくなります。

STEPUP

白飛び

「白飛び」とは、階調（濃淡の調子）がまったくない白や、その部分を指します。凹凸や模様などが飛んでいったように消えてしまうことから「白飛び」と言います。コントラストが高いときや、明るい被写体に強い光が当たっているとき、露出オーバーで撮影したときなどに起きやすくなります。完全に白飛びするとその部分はデータがまったくない状態となるため、補正してものっぺりしたグレーにしかなりません。

HINT

白レベルを補正するポイント

＜ハイライト＞＜シャドウ＞の調整後に、もっとも明るい部分をさらに明るくして際立たせたいときは、＜白レベル＞を上げることでメリハリが出せます。明るい部分が白飛びを起こしている場合は、＜白レベル＞を下げてディテールを引き出します。白飛びを減らすために大きく補正して、全体のバランスを崩さないように注意してください。

2 白レベルを上げて明るい部分をくっきりさせる

補正前

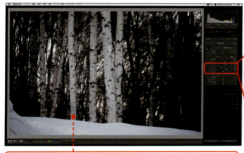

1 <白レベル>のスライダーを右にドラッグし、

2 数値を「+48」に設定します。

雪や白樺の幹が明るくくっきりして、画面全体のメリハリも出ました。

HINT
必要に応じてハイライトを再補正する

<白レベル>と<ハイライト>は互いに強く影響し合うため、<白レベル>を補正すると<ハイライト>の領域の明るさも変化します。そのため、<白レベル>の補正の度合いに合わせて<ハイライト>も補正し直します。

3 白レベルを下げて白飛びを軽減する

補正前

1 <白レベル>のスライダーを左にドラッグし、

2 数値を「-87」に設定します。

太陽光の反射で起きた白飛びが減り、まぶしい感じも軽減できました。

MEMO
クリッピング表示で白飛びの有無を確認する

ヒストグラムの右上隅にある<クリッピングインジケーター>にマウスを重ねるかクリックすると、画面上で白飛びしている部分が赤く表示されます。白飛びを軽減する操作を行う際には、オンにしておくと加減がわかりやすくなります。

Section 24 黒レベルでもっとも暗い部分を補正しよう

CC Classic | RAW JPEG | 黒レベル 黒つぶれ

黒レベルは、写真の中のもっとも暗い部分（ディープシャドウ）を補正する項目です。暗い部分をしっかりと引き締めたり、黒つぶれを軽減したり、写真の雰囲気を軽くするのにも利用します。

1 黒レベルの使い方を知る

補正前

プラスに補正する

1. ＜黒レベル＞のスライダーを右にドラッグし、
2. 数値を「＋50」に設定します。

陰の部分が明るくなって、写真の雰囲気が明るくやわらかくなります。反面、シマリのないぼんやりした仕上がりになりやすいので注意します。

マイナスに補正する

1. ＜黒レベル＞のスライダーを左にドラッグし、
2. 数値を「－50」に設定します。

陰の部分が暗くなって、写真全体が引き締まった印象になります。反面、黒つぶれが起きやすくなるので注意します。

KEYWORD

黒つぶれ

「黒つぶれ」とは、白飛びの反対に、階調がまったくない黒や、その部分のことを指します。黒インクで塗りつぶしたかのように見えるところから黒つぶれと言います。コントラストが高いときや、暗い被写体が光の当たらない陰にあるとき、露出アンダーで撮影したときなどに起きやすくなります。

HINT

黒レベルを補正するポイント

通常、＜黒レベル＞は黒つぶれが起きない範囲で補正しますが、コントラストが高いシーンなどでは、意図的に黒つぶれを作ることで印象的な画面に仕上げる場合もあります。その逆に、右ページ上段の写真のように暗い部分がない場合に、わざと＜黒レベル＞を高くしてソフトでやさしい雰囲気にすることもあります。

2 黒レベルを上げてやわらかな雰囲気の写真にする

補正前

1 ＜黒レベル＞のスライダーを右にドラッグし、

2 数値を「＋65」に設定します。

画面全体が明るくなって、写真の雰囲気がソフトでやさしいものになりました。

HINT
一時的にクリッピングを表示する方法

[Alt]（Macでは[option]）を押しながら＜黒レベル＞や＜シャドウ＞のスライダーを左右にドラッグすると、黒つぶれする部分を確認しながら操作できます。なお、＜露光量＞＜ハイライト＞＜白レベル＞のスライダーを操作するときには白飛びする部分を確認しながら操作できます。

3 黒レベルを下げて暗い部分を引き締める

補正前

1 ＜黒レベル＞のスライダーを左にドラッグし、

2 数値を「－40」に設定します。

＜シャドウ＞をプラスに補正して暗い部分の調子を引き出したためにシマリがなくなったぶんを＜黒レベル＞を下げて引き締めました。

HINT
シャドウと黒レベルを逆方向に補正する

暗い部分を階調を引き出すために＜シャドウ＞の数値を上げると、どうしても黒のシマリが弱くなりがちです。夜景などでは光が当たらない部分は真っ暗になるはずなので、＜黒レベル＞を下げてわざと黒つぶれを起こすぐらいのほうが自然に仕上がります。左の写真も＜シャドウ＞を上げつつ＜黒レベル＞を下げて、暗い部分のコントラストを高めてディテールとメリハリを演出しています。

Section 25 明瞭度でメリハリのある写真にしよう

CC / Classic / RAW / JPEG
明瞭度 / コントラスト

明瞭度は、部分的に**コントラストを高められる機能**で、写真全体の明暗の調子をあまり変えずに**メリハリ感を出せる**のが強みです。反対に、**ソフトフォーカスフィルター**のような効果を得ることもできます。

1 明瞭度の使い方を知る

補正前

プラスに補正する

1 <明瞭度>のスライダーを右にドラッグし、

2 数値を「+50」に設定します。

部分部分のコントラストが増し、写真全体がくっきりした印象に仕上がります。

マイナスに補正する

1 <明瞭度>のスライダーを左にドラッグし、

2 数値を「-50」に設定します。

ソフトフォーカスフィルターを使って撮ったかのような、ふんわりした雰囲気に仕上がります。

MEMO

明瞭度

「明瞭度」は、画面の部分部分でのコントラストを上げることで、写真全体のコントラストを変化させずにメリハリのある仕上がりにする機能です。<コントラスト>は明るい部分をより明るく、暗い部分をより暗くするため、白飛びや黒つぶれが起きたりするのに対して、<明瞭度>は明るい部分や暗い部分だけの写真でもメリハリが出せるのが特徴です。

HINT

明瞭度を補正するポイント

<明瞭度>は、コントラストを高くできない条件で画面にメリハリがほしいときに有用です。白飛びや黒つぶれが起きそうなとき、画面の大半が明るい(または暗い)ときなどに使うと効果的です。ただし、数値を上げすぎると不自然な描写になりやすいので、通常は「+20」前後、多くても「+40」程度までの範囲で補正します。

2 補正で低下したメリハリ感を明瞭度で補う

補正前

1 ＜明瞭度＞のスライダーを右にドラッグし、

2 数値を「＋26」に設定します。

＜ハイライト＞を下げて＜シャドウ＞を上げたためにメリハリ感が悪くなったのを、＜明瞭度＞を上げることで補正しています。

HINT

コントラストを下げて明瞭度を上げる

逆光などでコントラストが高いシーンでは、コントラストを下げたほうがよい結果が得られます。左の写真は＜ハイライト＞を「－44」に下げ、＜シャドウ＞は「＋47」に上げているせいで、画面全体のコントラストは低下しています。そのぶん、＜明瞭度＞を上げてメリハリ感を補って、全体のバランスを整えています。

3 明瞭度を下げてソフトフォーカスに仕上げる

補正前

1 ＜明瞭度＞のスライダーを左にドラッグし、

2 数値を「－42」に設定します。

ソフトフォーカスフィルターを使ったかのような効果が出ました。

STEPUP

補正ブラシと組み合わせて人肌を滑らかにする

＜明瞭度＞をマイナスに補正すると、細かい凹凸やテクスチャーの再現が悪くなります。これを利用して、人物の肌の小じわやシミなどを薄くすることができます。その場合、＜補正ブラシ＞などを使って肌の部分だけを選択した状態で操作を行います。

Section 26 かすみの除去で遠景をくっきりさせよう

| CC | RAW | かすみの除去 |
| Classic | JPEG | 補正ブラシ |

かすみの除去は空気中の水蒸気などの影響でかすんだ**遠景**などを**くっきりさせる機能**です。プラスに補正して青空を強調したり、マイナスに補正することでファンタジックな効果を得ることもできます。

1 かすみの除去の使い方を知る

補正前

プラスに補正する
1 <かすみの除去>のスライダーを右にドラッグし、
2 数値を「+50」に設定します。
コントラストが上がって空の青が濃くなり、くっきりした画面に仕上がります。

マイナスに補正する
1 <かすみの除去>のスライダーを左にドラッグし、
2 数値を「-50」に設定します。
コントラストが下がって色が淡くなり、ふんわりソフトな画面に仕上がります。

MEMO

かすみの除去

「かすみの除去」は、文字どおり、かすみやもやの影響を取りのぞいたかのように、遠景などをくっきりさせるものです。画面をくっきりさせる効果があるところは「明瞭度」と共通ですが、<かすみの除去>は全体のコントラストや色調にも影響を与えます。従来版では効果パネルに入っていましたが、<明瞭度>と組み合わせての補正が行いやすいように最新版で基本補正パネルに移動しています。

HINT

疑似PLフィルター効果

<かすみの除去>は青空を濃く、深くするPL(偏光)フィルターに似た効果も持っています。澄んだ青空をより印象的に仕上げられるほか、春先のかすんだ空や薄曇りの空をくっきりさせたいときに活用できます。なお、空の部分にだけ効果を与えたいときは、<段階フィルター>(使い方はP.152を参照してください)などの部分選択ツールを併用します。

2 薄くかすんだ遠景をくっきりさせる

補正前

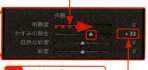

1 ＜かすみの除去＞のスライダーを右にドラッグし、

2 数値を「+33」に設定します。

かすんでぼんやりしていた遠景がクリアになりました。

HINT
かすみの除去を補正するポイント

＜かすみの除去＞を使うと、かんたんに遠景をくっきりさせることができますが、近景と同じぐらいに見えるように補正すると、奥行き感がなくなり、不自然な画面になってしまいます。補正を行う際は、一度強めに補正してから自然な印象になるように効果を下げていくとよいでしょう。

3 かすみの除去を下げてファンタジックに仕上げる

補正前

1 ＜かすみの除去＞のスライダーを左にドラッグし、

2 数値を「−66」に設定します。

霧がかかったかのようなファンタジックな画面に仕上がります。

STEPUP
補正ブラシと組み合わせて霧を発生させる

＜かすみの除去＞をマイナス側に補正すると、全体がソフトになって、平板な画面になりがちです。＜補正ブラシ＞を使って（P.119参照）、画面中央から左側の距離が遠い部分に強めの効果を与えることで奥行き感を出せ、より自然な霧を演出できます。

補正前

補正後

Section 27 彩度と自然な彩度で鮮やかな写真にしよう

CC / Classic / RAW / JPEG　　彩度　自然な彩度

彩度と自然な彩度は、どちらも色の濃さ（鮮やかさ）を補正する項目です。プラス側に補正すると色が濃く、マイナス側に補正すると薄くなるところは同じですが、それぞれに特性が違う点に注意してください。

1 彩度の使い方を知る

補正前

プラスに補正する

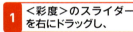
1 ＜彩度＞のスライダーを右にドラッグし、

2 数値を「＋50」に設定します。

写真全体が色鮮やかになって、強烈な色調に仕上がりました。

マイナスに補正する

1 ＜彩度＞のスライダーを左にドラッグし、

2 数値を「－50」に設定します。

写真全体の色が薄くなって、地味であっさりした印象に仕上がりました。

MEMO

彩度

「彩度」は、写真全体の色の濃さ（鮮やかさ）を補正する項目です。すべての色に対して均等に効果を発揮するため、数値を高くするとともともとの彩度が高い部分は色飽和（色つぶれとも言います）が起きやすくなります。数値を「－100」にすると完全な白黒になり、数値を「＋100」にすると、色の濃さが2倍になります。

MEMO

自然な彩度

＜自然な彩度＞も＜彩度＞と同じく色の鮮やかさを補正する項目ですが、もともとの彩度が高い部分にはあまり影響を与えずに、彩度の低い部分を変化させられるのが特徴です。そのため、数値を大きく上げたときにも色飽和が起こりにくいところが＜彩度＞と異なります。数値を「－100」にしても白黒にはなりませんし、反対に「＋100」にしても極端に派手になることはありません。

2 自然な彩度の使い方を知る

プラスに補正する

1 ＜自然な彩度＞のスライダーを右にドラッグし、

2 数値を「＋50」に設定します。

写真全体が色鮮やかになりますが、派手さを抑えた鮮やかさとなります。

マイナスに補正する

1 ＜自然な彩度＞のスライダーを左にドラッグし、

2 数値を「－50」に設定します。

写真全体の色が薄くなりますが、＜彩度＞が「－50」のものより空が明るめな点が違います。

HINT

彩度や自然な彩度を補正するポイント

基本補正パネルのほかの項目（ホワイトバランスや階調など）を適切に補正していれば、多くの場合はほどほどの鮮やかさに仕上がるので、＜彩度＞＜自然な彩度＞ともにそれほど上げる必要はありません。通常は「＋20」程度までを目安にしてください。なお、使用するプリンターによってはパソコンの画面で見るよりも色飽和が起きやすくなることがありますが、その場合は＜彩度＞を低めにすると回避できる場合があります。

STEPUP

彩度と自然な彩度の特性の違いを知ろう

数値を「＋50」に設定したときに＜彩度＞を上げたほうは、もともとの彩度が高い部分で色飽和が起きているのに対して、＜自然な彩度＞を上げたほうは、自然さを保ったまま鮮やかに仕上がるのがわかります。また、人物撮影で＜彩度＞を上げると人肌がオレンジ色になる場合がありますが、＜自然な彩度＞を上げた場合の人肌への影響はぐっと小さくなります。つまり、人肌への影響を抑えつつ、鮮やかに仕上げられるのです。

彩度：0

自然な彩度：＋50

彩度：＋50

彩度：0

自然な彩度：＋50

彩度：＋50

Section 28 トーンカーブで階調を補正しよう

`CC` `RAW` トーンカーブ
`Classic` `JPEG` ポイントカーブ

トーンカーブは、写真の階調（濃淡の調子）を細かく補正できるツールです。Lightroomには**4つのスライダー**を使うトーンカーブと、**マウスでラインをドラッグ**して操作するポイントカーブがあります。

1 トーンカーブパネルの内容を知る

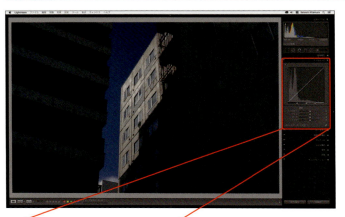

トーンカーブパネルのグラフ部分では、マウスでラインをドラッグすることで写真の明るさやコントラストを補正できます。

下部にある＜範囲＞の4つのスライダーは、左右にドラッグすることでそれぞれの領域の明るさを補正できます。操作に伴って、グラフのラインの形状も変化します。

パネル下部のスライダーを左右にドラッグすると、4つの領域で写真の明るさを補正できます。操作に伴って、グラフのラインの形状も変化します。

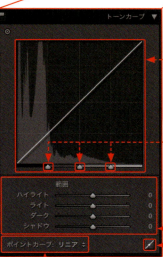

基礎的なコントラスト特性を選択します。初期設定の＜リニア＞から＜コントラスト（中）＞や＜コントラスト（強く）＞に変えると、グラフのラインの形状が変化します。

＜クリックしてポイントカーブを編集＞をクリックすると、4つのスライダーが折り畳まれ、コントロールポイントによる操作が可能になります。パネルの下部に `RGB ÷` が表示されます。さらにクリックすると、再度4つのスライダーが表示されます。

KEYWORD

トーンカーブ

「トーンカーブ」とは、階調（＝トーン）の変化をグラフにしたもので、補正前は斜め45度の右上がりの直線となります。このラインの形状を変化させることで、写真の明るさやコントラストを補正します。おおまかには、ラインを上に上げると写真は明るくなり、下に下げると暗くなります。

MEMO

ポイントカーブ

＜コントロールポイント＞を使って補正する方式で、一般的にはこちらを「トーンカーブ」と言うことが多いです。グラフ上をクリックすると＜コントロールポイント＞ができ、それを上下にドラッグして補正します。

HINT

より柔軟な補正が可能なポイントカーブ

Lightroomの初期設定は、4つのスライダーでラインを操作する方式ですが、Adobe Photoshop CCなどで使われているポイントカーブ方式のほうが、より柔軟な補正操作が行えるので、こちらに切り替えて使うことをおすすめします。

2 ポイントカーブのメニューを使って補正する

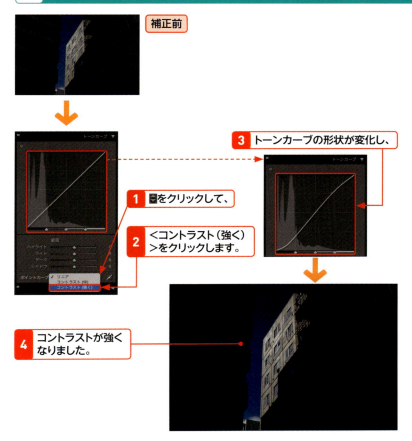

MEMO
ポイントカーブのメニュー

補正していない状態の＜リニア＞に対して、＜コントラスト（中）＞や＜コントラスト（強く）＞ではラインがわずかに「S」字状に曲がっています。これは明るい部分がより明るく、暗い部分がより暗くなるよう補正することで、コントラストを高くしていることをあらわしています。

HINT
RGBの各色を個別に補正する

＜ポイントカーブ＞で RGB をクリックし、表示されるメニューから＜レッド＞＜グリーン＞＜ブルー＞を選ぶと、それぞれの色のラインを個別に補正できます。ただし、カラーバランスが崩れるので、通常は操作しません。

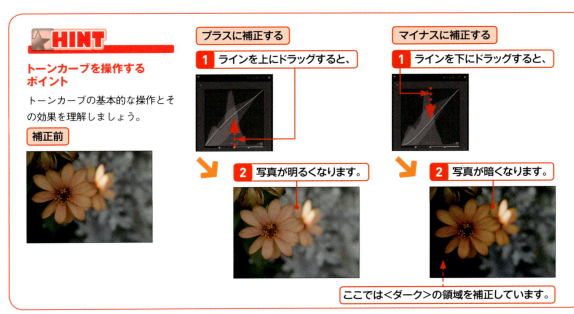

Section 29 トーンカーブで部分的に写真を補正しよう

CC Classic | RAW JPEG | トーンカーブ / 階調

トーンカーブは、写真の中の**特定の明るさの部分**を**微調整**できる便利な機能です。ここではSec.28に続いて、トーンカーブを変化させると何がどう変わるかを詳しく見ていきましょう。

1 トーンカーブの操作とその効果を知る

補正前

ハイライトをプラスに補正する

 1 <ハイライト>のスライダーを右にドラッグし、

2 数値を「+50」に設定します。

写真の中のもっとも明るい部分だけがより明るくなります。

ハイライトをマイナスに補正する

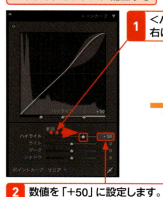

 1 <ハイライト>のスライダーを左にドラッグし、

2 数値を「−50」に設定します。

写真の中のもっとも明るい部分だけがやや暗くなります。

HINT 4つのスライダーを操作する順番

左の図を見ればわかるように、<ライト>は<ハイライト>と<ダーク>の領域にも影響します（同様に、<ダーク>は<ライト><シャドウ>の領域にも影響します）。したがって、<ライト>や<ダーク>を先に補正してから、<ハイライト>や<シャドウ>を補正するのが適切です。

HINT 補正できる範囲の目安

マウスカーソルをいずれかのスライダーに重ねたときに、グラフ上に薄いグレーの領域が表示されます。これはそれぞれのスライダーでラインを動かせる範囲をあらわしており、左右の幅が影響を受ける明るさの範囲、上下の幅が補正できる範囲を示します。<ハイライト>や<シャドウ>に比べて、<ライト>と<ダーク>の範囲が広いことがわかります。ここでは見た目でわかりやすいように、それぞれを「+50」と「−50」に設定して解説しています。

ライトを補正する

1 <ライト>のスライダーを右にドラッグし、

2 数値を「+50」に設定します。

写真の中の明るい部分全体がより明るくなります。

3 同様にドラッグ操作して、数値を「-50」に設定します。

写真の中の明るい部分全体がやや暗くなります。

ダークを補正する

1 <ダーク>のスライダーを右にドラッグし、

2 数値を「+50」に設定します。

写真の中の暗い部分全体がやや明るくなります。

3 同様にドラッグ操作して、数値を「-50」に設定します。

写真の中の暗い部分全体がより暗くなります。

シャドウを補正する

1 <シャドウ>のスライダーを右にドラッグし、

2 数値を「+50」に設定します。

写真の中のもっとも暗い部分だけがやや明るくなります。

3 同様にドラッグ操作して、数値を「-50」に設定します。

写真の中のもっとも暗い部分だけがより暗くなります。

STEPUP

トーンカーブで補正できる範囲

トーンカーブは、補正できる範囲（グラフの上下の幅）があまり広くないので、大きく補正したいときには効果的なツールとは言えません。基本補正パネルの<シャドウ>を「+100」にしたのに対し、<ダーク>を「+100」にしても暗い部分の明るさはまだ不足していますし、明るい部分への悪影響も目立ちます。それぞれのツールには向き不向きがあるので、補正したい部分や量に合わせて使い分けるようにしてください。

補正前

基本補正のシャドウ：+100

トーンカーブのダーク：+100

---

29 トーンカーブで部分的に写真を補正しよう

2 基本的な補正テクニックを知ろう

Section 30 写真の中をドラッグしてトーンカーブを補正しよう

CC Classic | RAW JPEG | ターゲット調整ツール | コントロールポイント

初期設定のトーンカーブに比べて**ポイントカーブ**は、階調の操作をより柔軟に行えます。また、**ターゲット調整ツール**を利用することで、写真の中をドラッグする直感的な操作で補正が行えます。

1 ターゲット調整で部分的に明るさを変化させる

補正前

暗くてメリハリのないレンガの壁をくっきりさせます。通常は基本補正パネルでの補正後に、<ポイントカーブ>で微調整を行いますが、ここでは説明用に<ポイントカーブ>だけで操作します。

1 トーンカーブパネルの<ポイントカーブを編集>をクリックして<ポイントカーブ>に切り替え、

2 <ターゲット調製>ツールをクリックします。

マウスカーソルの形状が変化します。

3 やや明るめのレンガの部分にマウスカーソルを重ね、

4 上方向にドラッグします。やや明るめの部分が少し明るくなります。

MEMO

ターゲット調製ツール

<ターゲット調製>ツールを使うと、写真の中の任意の部分をドラッグすることでポイントカーブを変化させられます。明るさを変えたい部分をピンポイントで指定できるので、的確に補正できるのがメリットです。マウスのドラッグ操作にポイントカーブが連動して動くので、両方を確認しつつ作業を行います。

HINT

微妙な明るさの違いに対応できる

<コントラスト>は明暗の差を強調するので、この写真のように全体が暗い場合、数値を高くすると画面全体が暗くなってしまいます。<明瞭度>は、部分的にコントラストを高めてメリハリを出しますが、ポイントカーブのほうがよりこまやかに、かつ柔軟な補正が可能です。

5 黒っぽいレンガの部分にマウスカーソルを重ね、

6 下方向にドラッグします。

コントラストが上がって暗い中にメリハリが出ました。しかし、写真全体が明るくなってしまったので、これを補正します。

7 トーンカーブパネルのグラフ上で、明るい部分のラインにマウスカーソルを重ね、

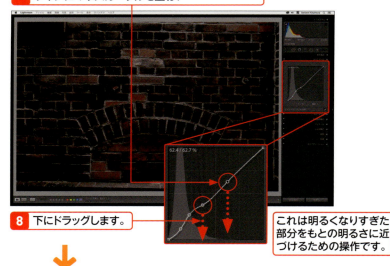

8 下にドラッグします。

これは明るくなりすぎた部分をもとの明るさに近づけるための操作です。

9 全体のコントラストにあまり影響を与えずにメリハリが出せました。

KEYWORD

コントロールポイント

トーンカーブパネルのグラフ部分をクリックすると、ライン状に小さな丸印があらわれます。これを「コントロールポイント」と呼びます。コントロールポイントは、ドラッグ操作で移動できますが、それ以外の操作で勝手に移動することはありません。複数のコントロールポイントを作成すると、ポイントカーブのラインは、すべてのコントロールポイントを通過する滑らかな曲線となります。

HINT

コントロールポイントの削除とカーブの保存

コントロールポイントを削除するには、右クリック（Macではcontrolを押しながらクリック）して、表示されるメニューから＜コントロールポイントを削除＞をクリックします。また、作成したカーブは＜ポイントカーブ＞メニューから保存でき、ほかの写真に適用することができます（適用後に微調整も可能です）。

コントロールポイントの削除

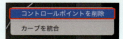

カーブの保存

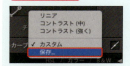

ほかの写真への適用

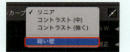

30 写真の中をドラッグしてトーンカーブを補正しよう

2 基本的な補正テクニックを知ろう

Section 31 プロファイル補正でレンズ収差を補正しよう

CC Classic | RAW JPEG | プロファイル補正 | レンズ収差

レンズ補正パネルにはレンズの収差を補正する機能があり、直線が曲がって写る**歪曲収差**や**周辺光量の低下**などを補正できます。補正の度合いをスライダーで微調整することも可能です。

1 周辺光量の低下を補正する

補正前

レンズの特性によって周辺部の光量が低下し、画面の四隅が暗く写っています。

画面の周辺部が明るく補正され、ムラのない明るさに仕上がりました。

1 <プロファイル>をクリックし、

2 <プロファイル補正を使用>をクリックしてオンにします。

KEYWORD

レンズ収差

「レンズ収差」とは、かんたんに言うとレンズの欠点のこと。どのレンズにも多かれ少なかれ存在するもので、完全に解消するのは理論上不可能とされています。レンズ収差には、まっすぐな線が曲がって写る「歪曲収差」や、コントラストの高いエッジ部分にあらわれる色にじみとなる「倍率色収差」などがあります。Lightroomではこれらのほか、撮影時の設定などによって写真の四隅が暗くなる「周辺光量の低下」を補正できます。

KEYWORD

レンズプロファイル

「レンズプロファイル」は、レンズの特性をデータ化してまとめたもので、歪曲収差や色収差、周辺光量低下などの情報が記述されています。Lightroomでは、レンズプロファイルの情報を利用することで、ワンクリックで最適な収差補正を行います。なお、JPEGの写真に<プロファイル補正>を適用することはできますが、正しいプロファイルが存在しない場合も多いため、手動での補正を行う必要があります。

2 歪曲収差を補正する

補正前

レンズの歪曲収差のため、まっすぐなはずの線が曲がって写っています。

補正効果の微調整

プロファイル補正では十分な効果が得られない場合や、反対に補正が強すぎる場合、または、歪曲収差と周辺光量の一方だけを補正したい場合、レンズ補正パネルの下部のスライダーを使って補正効果を調整することが可能です。数値を「0」にすると補正なしの状態になり、「100」より高くすると過補正となります。

曲がった線がまっすぐに補正されました。

1. <プロファイル>をクリックし、
2. <プロファイル補正を使用>をクリックしてオンにします。

右のMEMO参照

HINT

レンズ補正パネルのタブ

レンズ補正パネルには2つのタブがあり、それぞれ次のような機能を持っています。

プロファイルタブ

撮影したレンズに対応するレンズプロファイルが確認できます。<プロファイル補正を使用>をクリックしてオンにすると、自動的に設定されます。<色収差を除去>をクリックしてオンにすると、倍率色収差を自動的に補正できます。

手動タブ

レンズプロファイルがない場合に、<ゆがみ>で歪曲収差、<周辺光量補正>で周辺光量の低下を補正します。<フリンジ軽減>は、<色収差を除去>をオンにしても残った色にじみを補正できます。

Section 32 色収差を除去して色にじみを修正しよう

|CC|RAW|色収差|
|Classic|JPEG|フリンジ|

＜色収差を除去＞や＜フリンジ軽減＞を使うと、**倍率色収差**（レンズ収差の1つです）や**フリンジ**（コントラストの高いエッジ部分にあらわれる色にじみ）をかんたんに補正できます。

1 倍率色収差を補正する

補正前

全体を見ているだけでは、色収差の有無はわからないので、拡大して作業を行います。

1 ナビゲーターパネルの ▽ をクリックし、

2 表示されたメニューから＜4：1＞をクリックして拡大します。ここでは画面左側の一部分を表示しています。

屋上の手すりのエッジ部分に赤や緑の縁取りが出ています。これが倍率色収差です。

KEYWORD

色収差

ガラスには光を屈折させる性質がありますが、光の色（波長）によって屈折の度合いが異なるため、色の分散が起こります。これによって生じる色にじみが「色収差」です。色収差には、色ごとにピントがズレる軸上色収差と、像の大きさが異なる倍率色収差があります。前者は絞りを絞って撮影することで軽減できるのに対し、後者は絞っても軽減できません。Lightroomの＜色収差 を除去＞機能は、絞っても軽減できない倍率色収差を補正します。

KEYWORD

フリンジ

「フリンジ」とは、周辺、あるいは外縁という意味で、写真関連では倍率色収差のように、コントラストの高いエッジ部分にあらわれる色にじみを指します。＜色収差の除去＞で解消できる場合もありますが、このページの写真のように、補正しきれずに残ることもあります。その場合は、右ページの要領で補正します。

3 レンズ補正パネルの＜プロファイル＞タブにある＜色収差を除去＞をクリックしてオンにします。

 色にじみが解消されました。

ただし、画面右上隅を見ると、エッジ部分にわずかに紫色のフリンジが残っているので、これを補正します。

4 レンズ補正パネルの＜手動＞をクリックして＜手動＞タブに切り替えます。

5 ＜フリンジカラーセレクター＞をクリックし、

6 マウスカーソルを紫色になっている部分に重ねてクリックします。

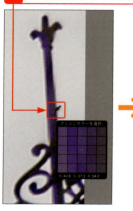 

7 クリックした部分の色味がなくなりました。

8 ＜完了＞をクリックするか、Esc（Macでは esc）を押して操作を終了します。

---

32 色収差を除去して色にじみを修正しよう

HINT

フリンジ軽減を補正するポイント

Lightroomでは、＜フリンジカラーセレクター＞でフリンジ部分をクリックするだけで、たいていは良好な結果が得られますが、効果が不足する場合は、スライダーを使って手動で補正します。通常は、＜適用量＞のスライダー（上段は紫系の、下段は緑系のフリンジに対応します）を「10」程度に上げたうえで、＜紫色相＞または＜緑色相＞スライダーで調整します。その際、2つのスライダーの中間部を左右にドラッグしてフリンジが軽減できる位置を探し、左右のスライダーの間隔を効果が得られる範囲で狭めます（フリンジ以外の色の部分への悪影響を抑えるためです）。

2 基本的な補正テクニックを知ろう

HINT

色収差やフリンジを見つけやすくする方法

＜彩度＞（基本補正パネルにあります）の数値を「＋100」に設定すると、色収差やフリンジをすばやく見つけられます。わずかな色にじみが誇張されるため、色収差やフリンジを容易に発見できます。補正が終わったら＜彩度＞の数値をもとに戻します。

Section 33 不要な部分をカットして写真を整えよう

CC Classic / RAW JPEG / 切り抜き 角度補正

写真の端の不要な部分を**カット**したり、傾いてしまった写真をまっすぐに直したりして画面を整えることを**トリミング**と言います。Lightroomでは、写真の**縦横比を変える**こともできます。

1 写真の端の不要な部分をカットする

補正前

被写体が遠かったこともあって迫力不足なうえ、空の部分も無駄に広くなってしまっています。

1. <ツールストリップ>の<切り抜き>ツールをクリックし、
2. 写真の隅の切り抜きハンドルにマウスカーソルを重ねると、
3. マウスカーソルの形状が変化します。

MEMO

トリミング時の写真の縦横比

写真の縦横比を自由に変えてトリミングしたいときは、<切り抜きと角度補正>の鍵アイコンをクリックして開いた状態にします。また、縦横比を撮影時から変えたい場合、<縦横比>の<撮影時>をクリックして、表示されるメニューから目的に合わせて選択します。

縦横比を1:1でトリミング

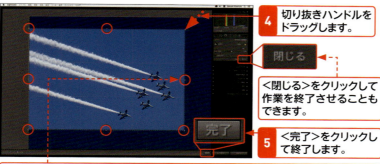

4 切り抜きハンドルをドラッグします。

<閉じる>をクリックして作業を終了させることもできます。

5 <完了>をクリックして終了します。

必要に応じてほかのきり抜きハンドルもドラッグします。このとき、Alt を押しながらドラッグすると（Macでは option ）、上下左右が均等にトリミングされます。

HINT

傾きを修正する方法

切り抜きハンドルの少し外にマウスカーソルを置くと、マウスカーソルが曲がった矢印アイコンに変わります。この状態でドラッグすると、傾きを修正できます。

2 傾いた写真をまっすぐに修正する

補正前

写真が左下がりに傾いています。

1 <ツールストリップ>の<切り抜き>ツールをクリックし、

2 <角度補正ツール>をクリックします。

3 マウスカーソルの形状が変化するので、写真内の水平または垂直にしたい線に沿ってマウスをドラッグします。

4 傾きが修正できました。<完了>または<閉じる>をクリックします。

MEMO

画面が狭くなることに注意

トリミングを行うと、そのぶんだけ画面は狭くなります。とくに写真の傾きを修正する際は、主要な被写体が切れてしまわないように注意して操作してください。

MEMO

切り抜きの初期化

<切り抜き>ドロワー（ツールを選択したときに表示される機能の設定を行うエリア）下部の<初期化>をクリックすると、トリミングや角度の修正はすべてリセットされます。撮影時にトリミング情報が付加されている写真は<撮影時>ではなく<元画像>になることに注意してください。

HINT

Uprightによる傾きの補正

変形パネルのUpright機能を利用することでも画面の傾きを補正することができます。詳しくはP.124を参照してください。

Section 34 シャープとノイズ軽減で写真を仕上げよう

CC | RAW | シャープ
Classic | JPEG | ノイズ軽減

写真を仕上げる最後のステップが**シャープ**と**ノイズ軽減**です。シャープは見た目の**鮮鋭さ**を高める効果、ノイズ軽減は主に高感度で撮ったときの**ざらつきを軽減**する効果を持っています。

1 シャープの適用量を設定する

補正前

> 1 P.45とP.50のHINTを参考に、写真を1:1またはそれ以上に拡大します。

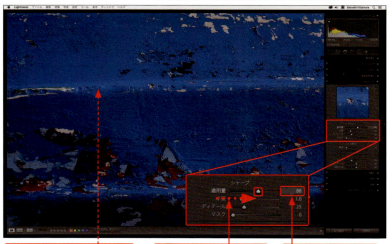

<適用量>を高くすると鮮鋭感は増しますが、高くしすぎるとノイズのエッジが強調されてざらつきが増え、平板な描写になります。

> 2 <シャープ>の<適用量>のスライダーを右にドラッグし、

> 3 数値を「86」に設定します。

KEYWORD

シャープ

写真の世界での「シャープ」は、主にレンズの解像力を指します。解像力は、細かなものを克明に描写できる能力のことで、分解能とも呼ばれます。コントラストが高い写真はくっきり見えるので、シャープな印象を与えますが、これは解像力の高さとは無関係なので注意してください。Lightroomをはじめとする画像処理ソフトウェアにおける「シャープ」は、くっきりしたエッジ部分のコントラストを上げることで見た目の鮮鋭さを増す処理を指します。この処理は写真の中の細かい凹凸やテクスチャーを強調して鮮鋭に見せる効果がある反面、強くしすぎるとかえってレンズの解像力を低下させることにもなりかねないので、こちらにも注意が必要です。

NEW

初期設定のシャープの適用量

最新版のLightroomでは、初期設定の<シャープ>の<適用量>が「40」に変更されています。本書では、従来版で読み込んだ写真を使用して解説しているため、初期設定値が「25」になっています。

2 輝度ノイズを補正して高感度のざらつきを軽減する

補正前

ISO6400という高感度で撮影した写真で、全体を見ているぶんには十分に高画質ですが、1：1表示で見ると、高感度ノイズによるざらつきがあらわれています。

1 写真を1：1またはそれ以上に拡大します。

2 ＜ノイズ軽減＞の＜輝度＞のスライダーを右にドラッグし、

3 数値を「50」に設定します。

ざらつき感が気にならなくなりました。

MEMO

輝度ノイズとカラーノイズ

輝度ノイズは、同じ色の濃淡のノイズです。一方のカラーノイズはさまざまな色が混じったノイズです。どちらも感度を高くするほど目立つようになります。Lightroomでは、＜カラー＞の＜適用量＞を初期設定の「25」にしておけば、カラーノイズが気になることはありません。

HINT

作業時の表示倍率について

＜シャープ＞や＜ノイズ軽減＞を操作する際は、1：1（ピクセル等倍）またはそれ以上の倍率にして作業を行います。縮小した状態のままでは画面の細部の情報がきちんと見えないためです。

HINT

シャープの適用量の設定

＜シャープ＞の＜適用量＞は、数値を小さく変えても大きな違いはありませんから、「25」程度ずつ増やしながら加減します。＜適用量＞を上げていくと、徐々に鮮鋭さが増し、立体感が出てきますが、ある程度以上高くすると細かいテクスチャーばかりが強調されるようになり、がさがさした描写になります。そうならない範囲で数値を設定するとよいでしょう。この写真の場合は、「125」にすると画面がざらついたようになって、立体感が損なわれてきます。つまり、「75」から「100」の間くらいが適切というわけです。

適用量：50

適用量：75

適用量：100

適用量：125

MEMO

ディテールパネルの内容

ディテールパネルの上部では＜シャープ＞機能の、下部では＜ノイズ軽減＞機能の設定を行います。それぞれのスライダーの内容については以下のとおりです。

上部 シャープ

上部	
❶	**適用量** シャープ処理の強弱を設定します。目安としては、ポートレートなら「50」程度、風景などは「75」～「100」程度です。
❷	**半径** シャープ処理の範囲の設定で、数値を大きくすると効果が強く見えるようになりますが、細かい部分の再現は悪くなります。通常は「1.0」のままでかまいません。
❸	**ディテール** 布の織り目のような細かい部分の再現を左右する要素で、数値を上げると細かな部分が鮮明になりますが、上げすぎると不自然な描写になります。通常は「25」のままでかまいません。
❹	**マスク** シャープ処理を行うエッジ部分の強弱を設定します。数値を上げるとボケた部分のノイズや人肌のきめを目立たなくできます。

下部 ノイズ軽減

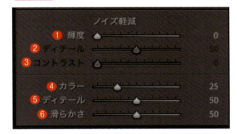

下部	
❶	**輝度** 輝度ノイズを軽減します。画素数やプリントサイズ、撮影時のISO感度などによって数値を変えます。通常は「25」～「50」の範囲で設定します。
❷	**ディテール** 細かい部分の再現を補正します。初期設定は「50」ですが、ノイズが多い写真の場合は、ざらつきが気にならない範囲で高めに設定します。
❸	**コントラスト** 輝度の数値を高くしたときに低下するコントラストを補う項目です。通常は初期設定の「0」のままでかまいません。
❹	**カラー** カラーノイズを軽減します。通常は初期設定の「25」で十分な効果が得られますが、気になるときは「50」程度までの範囲で設定します。
❺	**ディテール** カラーノイズ用の＜ディテール＞です。使い方は＜輝度＞の＜ディテール＞と同じで、通常は初期設定の「50」のままでかまいません。
❻	**滑らかさ** カラーノイズとその周囲の色を滑らかにする項目です。カラーノイズが目立つ場合以外は、初期設定の「50」のままでかまいません。

第3章

写真にもうひと味プラスしてみよう

Section

35 日没後の空を印象的な色に変えてみよう

36 街灯で撮った人物の肌を健康的に補正しよう

37 明暗差の大きなシーンを補正しよう

38 高感度で撮った写真のざらつきを減らそう

39 ファンタジックでモノトーンの写真に仕上げよう

40 メリハリのある白黒写真に仕上げよう

41 光源による色の違いを補正ブラシで補正しよう

42 逆光で暗くなった人物の顔を明るくしよう

43 レンズの歪曲収差によるゆがみを補正しよう

44 上すぼまりの建物をまっすぐに補正しよう

45 街の景色をセピア調の写真に仕上げよう

46 ポップなキャンディーカラーのアート写真に仕上げよう

47 ハイコントラストで粗粒子な写真に仕上げよう

48 トイカメラ風のレトロ調写真に仕上げてみよう

49 一部の色だけ残した白黒写真に仕上げよう

50 オリジナルのクロスプロセスに加工してみよう

51 フチをぼかした古い写真のように仕上げよう

52 青みがかった淡いトーンの写真に仕上げよう

53 夜景の写真をきらびやかに仕上げよう

Section 35 日没後の空を印象的な色に変えてみよう

CC / Classic / RAW / JPEG　ホワイトバランス　カラーパネル

日の出前や日没後の空の色は、思ったよりもあっさりめになりがちです。ここでは、**ホワイトバランス**を大きく変えて、より印象的に、とはいえ不自然にならないように仕上げてみます。

Before — 日没直後の空の淡い色を、

After — より印象的に表現しましょう。

1 基本補正パネルで色味や明るさを補正する

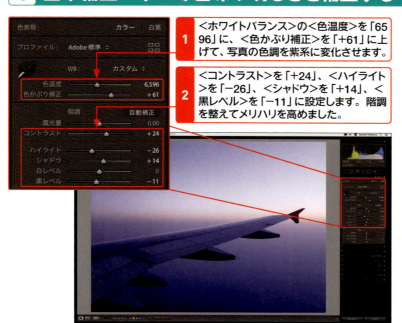

1. <ホワイトバランス>の<色温度>を「6596」に、<色かぶり補正>を「+61」に上げて、写真の色調を紫系に変化させます。

2. <コントラスト>を「+24」、<ハイライト>を「-26」、<シャドウ>を「+14」、<黒レベル>を「-11」に設定します。階調を整えてメリハリを高めました。

MEMO

シャドウと黒レベルの補正

<シャドウ>の数値を上げると暗い部分の階調が引き出せますが、ぼんやりしたシマリのない画面になりやすいので、<黒レベル>を下げて暗部を引き締めるとバランスがよくなります。

MEMO

JPEGのホワイトバランス補正

RAWと違ってJPEGは持っている情報量が少ないため、色の情報が部分的に失われていることがあります。そのため、ホワイトバランスを大きく変えると、色再現が不自然になることがあります。

2 「かすみ」を発生させてソフトな雰囲気にする

1 <明瞭度>を「+21」に上げてメリハリを付け、

2 <かすみの除去>を「-12」に設定します。

写真全体に薄くかすみがかかったようになり、ソフトな雰囲気になります。

MEMO

かすみの除去

空気中の水蒸気などでかすんだ遠景をクリアにするための機能で、偏光フィルターと似た効果が得られます。数値をプラス側にするとコントラストが上がり、いわゆる「ヌケのいい」描写になります。また、色も濃くなります。数値をマイナス側にすると、かすみがかったような描写になります。

3 カラーパネルで特定の色だけ彩度を補正する

1 HSL／カラーパネルを表示して<カラー>をクリックし、

2 <すべて>をクリックします。

3 <パープル>の<彩度>を「+42」に上げ、

4 同様に<マゼンタ>の<彩度>を「+26」に上げます。

単調な空の部分に色の変化が生まれ、より印象的に仕上がりました。

KEYWORD

色相／彩度／輝度

色相：その色の調子のことで、色合いを調整します。たとえば<オレンジ>の<色相>の数値を変えると、オレンジ色の部分が赤や黄色に変わります。

彩度：色の濃さ（鮮やかさ）のことです。数値を変えるとその色だけを鮮やかにしたり、淡くしたりできます。

輝度：その色の明るさを調整します。数値を変えると、その色の部分だけを明るくしたり、暗くしたりできます。

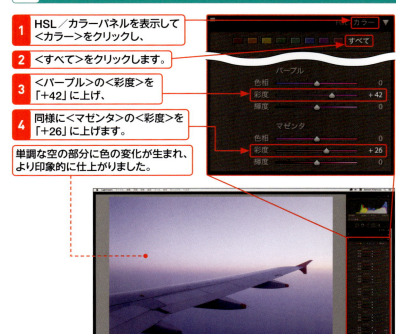

Section 36 街灯で撮った人物の肌を健康的に補正しよう

`CC` `Classic` `RAW` `JPEG` 色温度 色かぶり補正

蛍光灯や水銀灯、LEDといった**人工の照明**で撮影すると、**オートホワイトバランス**では肌の色がくすんだり、偏った色味になりがちです。ここでは、夜の公園で撮った人物の肌を**健康的な色味**に補正します。

Before

黄緑色に偏った人物の肌の色を、

After

健康的な色味に補正します。

1 ホワイトバランス選択ツールで色味を補正する

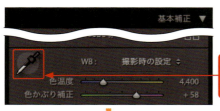

1. 基本補正パネルの＜ホワイトバランス選択＞ツールをクリックし、

2. 白い服の部分をクリックすると、
3. 色の偏りが補正されます。

HINT

ホワイトバランス選択ツールの効果的な使い方

現実には真っ白な服を着ていることのほうが少ないので、あらかじめ白い紙（厳密な結果が必要なら専用のチャートを用意してください）を1枚撮っておいて、＜ホワイトバランス選択＞ツールでクリックして補正を行ったら、それをほかの写真にも適用します。＜設定＞メニュー→＜設定をコピー＞および＜設定をペースト＞を使うと、複数の写真に一括で適用できます（P.146参照）。

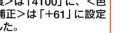

4 <色温度>は「4100」に、<色かぶり補正>は「+61」に設定されました。

5 このままだとやや青ざめたように見えるので、<色温度>を「4300」にして暖色系のカラーバランスに補正しました。また、この段階ではまだ肌に黄色みがかぶっています。

MEMO

JPEGで撮った写真のホワイトバランスの補正

JPEGの写真も、同じようにホワイトバランスを補正できます。ただし、補正できる範囲は<色温度><色かぶり補正>ともに「-100」から「+100」となります。

2 明るさなどを整えてカラーパネルで微調整する

1 <露光量><コントラスト>などを調整して階調を整えます。

2 HSL／カラーパネルを開いて、

3 <すべて>をクリックし、

4 <イエロー>の<色相>を「-30」に、<彩度>を「-16」に設定します。

5 肌にかぶっていた黄色みが軽減できました。

STEPUP

人肌を健康的に見せるポイント

人物の肌を健康的に見せるには、<色かぶり補正>の数値を少しだけ高く（右にドラッグする）、マゼンタ色を加えます。隠し味として使う場合は、<色かぶり補正>の数値を「5」から「10」程度の範囲でプラスします。これは多くのプロカメラマンも使っているテクニックで、ほんのりとピンクがかった肌に仕上がります。

6 ディテールパネルを開いて、

以降の作業は1：1表示で行います。

7 <ノイズ軽減>の<輝度>を「35」に設定します。

8 高感度ノイズによるざらつきを軽減できました。

HINT

カラーパネルでの補正について

水銀灯などの光で撮ると、ホワイトバランスを補正しても日中のような肌の色に仕上がってくれないことが少なくありません。ここでも、肌に黄色系の色味がのっているため、やや不健康そうに見えています。そのため、カラーパネルで<イエロー>の<色相>を操作してオレンジ色方向にシフトさせ、少し<彩度>を下げています。

Section 37 明暗差の大きなシーンを補正しよう

CC | RAW | ハイライト
Classic | JPEG | シャドウ

明暗の差が大きなシーンでは、日なたと日陰の**明るさの差**がとても大きくなり、白飛びや黒つぶれも起きやすくなります。**ハイライト**や**シャドウ**を補正することで、見た目に近づけることができます。

Before

明暗の差が大きいせいで暗く写った部分を、

After

見た目に近い明るさに補正します。

1 露光量を上げて暗く沈んだ岩肌の表情を引き出す

あらかじめ、＜ホワイトバランス＞の＜色温度＞を「5200」に補正しています。

1 基本補正パネルの＜露光量＞のスライダーを右にドラッグし、

2 数値を「+1.00」に設定します。

3 日の当たっている岩肌を適度な明るさに補正しました。

MEMO

白飛びを起こさない露出で撮影する

露出オーバーなどで完全に白飛びした部分は、露光量やハイライトなどを補正しても階調を回復することはできません。そのため、撮影時に白飛びを起こさない露出に設定することがとても重要です。ときには見た目の明るさとはまったく違う仕上がりになることもありますが、RAWでの撮影をメインにするなら、なるべく多くの情報を残せるように露出を決めるのが基本となります。

2 ハイライトとシャドウを補正して階調を引き出す

1. ＜ハイライト＞のスライダーを左にドラッグして数値を「−78」に設定し、空の白飛びを軽減します。

2. ＜シャドウ＞のスライダーを右にドラッグして数値を「+41」に設定し、日陰の部分を明るくします。

3. ＜黒レベル＞のスライダーを左にドラッグして数値を「−23」に設定し、黒を引き締めました。

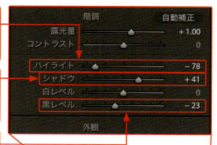

HINT
白飛びや黒つぶれを確認しやすくする

＜ヒストグラム＞の左右の上隅にある＜クリッピングインジケーター＞をクリックすると、白飛びが赤、黒つぶれが青で表示されます。どの部分が白飛び、黒つぶれするのかがひと目でわかって便利です。なお、Jを押すと両方のインジケーターをまとめてオン・オフできます。

3 明瞭度と自然な彩度で味付けを整える

1. ＜明瞭度＞のスライダーを右にドラッグして数値を「+19」に設定し、メリハリを出します。

2. ＜自然な彩度＞のスライダーを右にドラッグして数値を「+20」に設定し、鮮やかさを加えました。

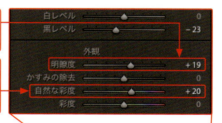

MEMO
ひかえめな補正を心がける

晴天の日なたと日陰では明るさが大きく違うので、それなりに明暗の差がないと不自然に見えてしまいます。たとえば、＜シャドウ＞の数値を高くすれば、暗い部分をもっと明るくすることはできますが、わざとらしい仕上がりになるだけです。あくまで自然さを失わない範囲でひかえめに補正することを心がけてください。

Section 38 高感度で撮った写真のざらつきを減らそう

CC / Classic / RAW / JPEG　ノイズ軽減　ディテール

ペットをはじめとする動物は、動きが読めないのでブレないように**高速シャッター**で撮る必要があります。しかし、高感度にするとノイズも増えてしまうので、**ノイズ軽減**でざらつきを抑える処理をします。

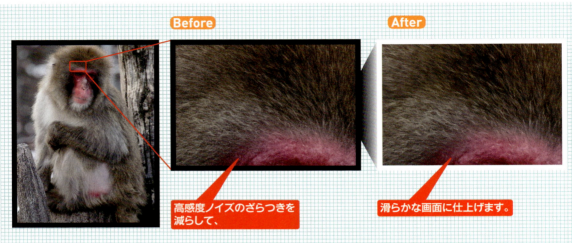

Before：高感度ノイズのざらつきを減らして、
After：滑らかな画面に仕上げます。

1 輝度とディテールでざらつきを軽減する

1. ディテールパネルを表示し、
2. ＜輝度＞のスライダーを右にドラッグして、
3. 数値を「25」に設定します。

4. ノイズが減ってざらつきは抑えられましたが、毛の細かい部分が不明瞭になりました。

MEMO

補正操作は1：1表示で

写真全体に対してノイズの粒子はとても小さいため、全画面表示では適切に補正できているかを判断できません。したがって、＜ノイズ軽減＞で補正する際には、1：1（100％）の倍率で写真の各部を確認しながら作業を進めます。なお、サイズの小さなプリントに仕上げる場合、ノイズの粒子も縮小されて目立たなくなりますから、1：2（50％）表示でも問題になりにくいでしょう。

5 <ディテール>のスライダーを右にドラッグし、

6 数値を「100」に設定します。

7 鮮鋭さがやや低下して、ソフトな描写になりました。

HINT
ノイズ軽減を補正するポイント

<輝度>の数値を上げるとざらつきは減りますが、動物の体毛などの細かい部分がもやっとしてしまうので、上げすぎは禁物です。基本的には1：1表示でざらつきが少し残る程度で問題ありません。<ディテール>は、ノイズ軽減による画質劣化を抑えるためのものですが、効果はそれほど強くなく、多くは期待できません。これ以外の項目は、通常は操作する必要はありません。

2 シャープとマスクで鮮鋭さを回復する

1 ディテールパネルにある<シャープ>の<適用量>のスライダーを右にドラッグして、

2 数値を「65」に設定します。鮮鋭さは増しましたが、引き替えにノイズが目立ってきます。

3 <マスク>のスライダーを右にドラッグし、

4 数値を「60」に設定します。

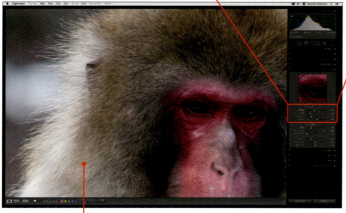

5 鮮鋭さをあまり落とさずに、ざらつきだけを軽減できました。

HINT
シャープの数値を上げる理由

<ノイズ軽減>の<輝度>の数値を上げるとざらつきは減りますが、それと引き替えに鮮鋭さが低下するため、ソフトな画面になりがちです。<シャープ>の数値を高めにすることで、<ノイズ軽減>によって低下した鮮鋭さを回復することができます。同時に<マスク>の数値を上げることで、背景などのボケた部分のざらつきを抑えることができます。

Section 39 ファンタジックでモノトーンの写真に仕上げよう

`CC Classic` `RAW` `JPEG` 彩度 切り抜き後の周辺光量補正

明瞭度や**かすみの除去**は、写真をくっきりさせる機能ですが、逆手にとると**ソフトフォーカス**のような効果を出すことができます。ここではファンタジックなモノトーン調の写真に仕上げてみましょう。

Before

彩度を下げてモノトーン調にして、

After

明瞭度とかすみの除去でソフト効果を加えます。

1 彩度を下げてソフト効果を加える

1. 基本補正パネルの＜彩度＞のスライダーを左にドラッグし、

2. 数値を「−60」に設定します。

3. 色が淡くなってモノトーンに近づきました。

MEMO

明瞭度のソフト効果

＜明瞭度＞のマイナス補正は、人物の肌のシミや小じわなどをぼかすために使われるテクニックです。ここで紹介したようなソフトフォーカス効果もありますが、それほど強力ではないので思ったような効果が得られない場合もあります。あくまでオマケとして考えたほうがよいでしょう。

4 ＜明瞭度＞の数値を「−100」に、

5 ＜かすみの除去＞の数値を「−17」に設定します。

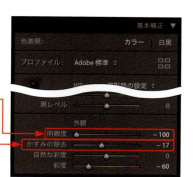

かすみの除去の注意点

＜かすみの除去＞を補正すると、色調や明るさも変化します。そのため、＜かすみの除去＞の補正を行ってから＜露光量＞で明るさを調整しています。

2 切り抜き後の周辺光量補正で写真のフチをぼかす

1 ＜切り抜き後の周辺光量補正＞の＜適用量＞の数値を「+31」に設定します。

2 同様に、＜中心点＞を「30」に、＜丸み＞を「−69」に、＜ぼかし＞を「100」に設定します。

切り抜き後の周辺光量補正

切り抜き後の周辺光量補正は、写真の周辺部の明るさを変えられる機能です。周辺部を明るくしてソフトな雰囲気にしたり、逆に暗くして画面中央の主要被写体に視線を集中させたりするなどの使い方があります。効果をおよぼす範囲の形状やぼかし具合などを細かく調整できます。

適用量：+100　中心点：50
丸み：0　　　ぼかし：50

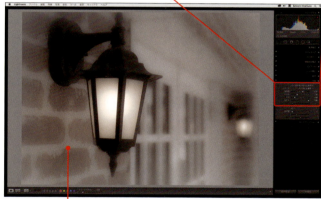

3 画面の周辺部を少し明るくして、ファンタジックな印象にしました。

4 ＜露光量＞を「+0.40」に設定します。

適用量：+100　中心点：50
丸み：−100　ぼかし：100

5 カラーパネルを開いて、

6 ＜すべて＞をクリックし、

7 最後に、＜オレンジ＞の＜輝度＞のスライダーを左にドラッグし、数値を「−45」に設定して、全体を整えます。

Section 40 メリハリのある白黒写真に仕上げよう

CC / Classic / RAW / JPEG / B&W / 切り抜き後の周辺光量補正

カラーの写真を白黒にするのはかんたんですが、コントラストが低いときなどはぼんやりした仕上がりになりがちです。ここでは、もとの色ごとに明るさを補正してメリハリのある白黒写真に仕上げます。

Before / After
コントラストが低めのカラー写真を、
白黒にしてメリハリを与えます。

1 カラーの写真を白黒にする

1. 基本補正パネルの＜色表現＞の＜白黒＞をクリックします。

MEMO

自動補正について

最新版のLightroom Classic CCで読み込んだ写真をカラーから白黒に変換する際には＜自動ミックス＞による自動補正は行われません。その場合は、次のページの手順 2 と 3 は無視してください。ただし、最新版でも従来版で読み込んだ写真を白黒に変換すると、自動的に補正されます。

---

3 写真にもうひと味プラスしてみよう

116

2 B&Wパネルを開いて、

3 Alt（Macではoption）を押しながら、＜白黒ミックスを初期化＞をクリックします。

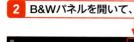 →

MEMO
補正の初期化

自動補正された状態から追加で補正してもかまいませんが、ここでは自動補正をリセットしてフラットな状態から補正を行っています。

2 B&Wパネルで色ごとに明るさを補正する

1 ＜オレンジ＞を「+34」、＜イエロー＞を「+12」に設定します。

2 肌色の部分が明るくなりました。

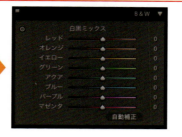

3 ＜グリーン＞＜ブルー＞＜レッド＞の数値を、それぞれ「−100」「−60」「−24」に設定します。

4 暗い部分ができて画面にメリハリが出ました。

MEMO
ドラッグ操作で補正する

B&Wパネル左上の＜ターゲット調整＞ツールをクリックして、写真内の任意の部分を上下にドラッグすると、その部分の明るさを変えることができます。その部分のもとの色がわからなくても直感的な操作で補正ができて便利です。

3 写真の周辺部を暗くする

1 ＜露光量＞＜コントラスト＞＜黒レベル＞を補正して階調を整え、

2 効果パネルを表示し、

3 ＜切り抜き後の周辺光量補正＞の＜適用量＞を「−27」に設定します。

4 写真全体がくっきりして力強い画面になりました。

HINT
焼き込み

写真の周辺部を暗くして画面の中央部を目立たせることで、見る人の視線を主要な被写体に誘導できます。こんなふうに画面の周辺部を暗くすることを「焼き込み」と言います。白黒写真ではよく使われます。レンズの周辺光量低下を画面効果として活用するのもテクニックの1つです。

Section 41 光源による色の違いを補正ブラシで補正しよう

| CC | RAW | 補正ブラシ |
| Classic | JPEG | 範囲マスク |

女性ポートレートは、肌をきれいに見せることを心がけます。光源が複数あるときは部分部分で色味が変わるので、**補正ブラシ**と**範囲マスク**を使って**ホワイトバランス**を微調整し、色ムラを軽減します。

Before / After

照明と外光の色が混ざった肌の色を、

補正ブラシと範囲マスクを使って補正しました。

1 色温度と色かぶり補正で室内の照明の色味を補正する

肌の色味がわかりやすいように拡大して（ここでは1：2に設定）作業します。

1. 基本補正パネルの＜自然な彩度＞の数値を「＋100」に設定します。
2. 肌の色味を見ながら＜色温度＞と＜色かぶり補正＞を、それぞれ「3250」「＋29」に設定します。

色温度 3,250
色かぶり補正 ＋29
自然な彩度 ＋100

HINT
自然な彩度を使って色の偏りを強調する

作例では、屋内の白熱灯照明と屋外からの自然光が混ざった条件で、顔の部分部分でわずかに色味が異なってしまっています。＜自然な彩度＞を一時的に「＋100」に上げると色の偏りを強調できるので、補正作業がやりやすくなります。もちろん、補正が終わったら＜自然な彩度＞は数値を「0」に戻します。

3. 肌が適切な色味になりました。

第3章 写真にもうひと味プラスしてみよう

118

2 外光の影響で青みがかった部分を補正する

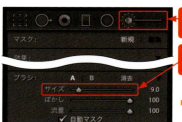

1 ツールストリップの<補正ブラシ>をクリックし、

2 <ブラシ>の<サイズ>を「9.0」に設定します。

3 ツールバーの<選択したマスクオーバーレイを表示>をクリックしてオンにしておきます。

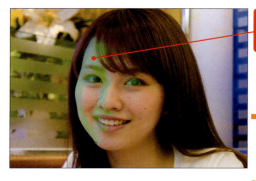

4 外の光で青みがかった部分をブラシで塗りつぶします。

5 <範囲マスク>をクリックして<カラー>を選択し、

6 <色域セレクター>をクリックします。

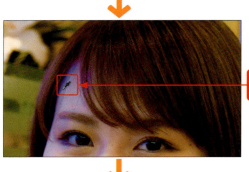

7 青みがかった部分をクリックして選択します。

8 <効果>の<色温度>の数値を「25」に設定します。

9 <完了>または<閉じる>をクリックして、青み部分の補正を終えます。

10 このあと、<自然な彩度>を「0」に戻すと、外の光による色の偏りが補正できます。さらに<露光量>などの基本補正の項目を調整して仕上げます。

NEW

範囲マスク

「範囲マスク」は、ここで使った<補正ブラシ>のほか、<段階フィルター><円形フィルター>と併用して、より細かな範囲選択を行うためのツールです。<カラー>では、選択範囲内の指定した色の部分、<輝度>は選択範囲内の指定した明るさの部分にだけ補正を行うことができます。

HINT

マスクオーバーレイ

「マスクオーバーレイ」は、<補正ブラシ>などの部分選択ツールで選択した部分を視覚的にわかりやすくするためのものです。ツールバーの<選択したマスクオーバーレイを表示>をクリックしてオンにすると、ブラシで塗りつぶした部分が色付きで表示されます。マスクオーバーレイの色は、<ツール>メニューの<補正マスクオーバーレイ>で、<レッド><グリーン><ホワイト><ブラック>から選べます。

41

光源による色の違いを補正ブラシで補正しよう

3 写真にもうひと味プラスしてみよう

119

Section 42 逆光で暗くなった人物の顔を明るくしよう

CC | RAW | ハイライト
Classic | JPEG | シャドウ

逆光などの条件では、思ったよりも暗く写ったり、露出補正によって背景が白飛びしたりします。ここでは、意図的に暗めに撮ったRAWから明るく補正するテクニックを解説します。

Before / After

外の明るさのせいで暗く写った人物を、
適切な明るさに補正します。

1 露光量／ハイライト／シャドウで階調を引き出す

あらかじめ、<ホワイトバランス>の<色温度>を「4000」に設定し、レンズ補正パネルの<色収差を除去>をオンにしています。

1 基本補正パネルを表示して、

2 <露光量>の数値を「+1.00」に設定して明るくします。

3 <コントラスト>を「-17」に設定します。

4 <ハイライト>と<白レベル>をそれぞれ「-83」「-7」に下げて窓の外の白飛びを軽減し、

MEMO
明るさの差が大きいときの露出の決め方

RAWと言えども、やはり限界はあります。また、Lightroomも万能ではありません。室内の人物に対して窓の外はとても明るいため、外の明るさに合わせて露出を決めると、人物が暗くなるので、補正時にノイズが増えてしまいます。このように明るさの差が大きいシーンでは、人物と窓の外の両方がほどほどの明るさになるよう露出を決める必要があります。ただし、主役はあくまで人物なので、基本的には人物寄りの露出を心がけてください。

3 写真にもうひと味プラスしてみよう

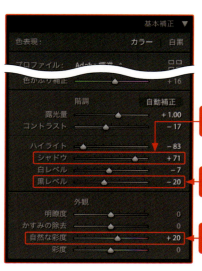

5 <シャドウ>を「+71」に上げて室内の暗さを補います。

6 <黒レベル>を「-20」に下げて画面を引き締めます。

7 <自然な彩度>を「+20」に上げて色味を増します。

HINT
明瞭度のノイズ軽減効果

<シャドウ>の数値を上げて暗い部分の階調を引き出すと、そのぶんノイズは目立ちやすくなります。一方、<明瞭度>の数値を下げることで得られるソフト効果によってノイズも軽減できるので、ここでは<ノイズ軽減>の<輝度>の数値を「15」にしています。<明瞭度>を下げないのであれば、<輝度>は「25」程度が適切です。

2 明瞭度とノイズ軽減で低ノイズに仕上げる

1 <明瞭度>を「-19」に下げて少しぼかします（同時にざらつきも少し減ります）。

2 ディテールパネルを表示し、<ノイズ軽減>の<輝度>を「15」に設定して、ざらつきを減らします。

3 効果パネルを表示し、<切り抜き後の周辺光量補正>の<適用量>を「+10」に上げて、画面周辺部を明るくしてライトな雰囲気にします。

HINT
切り抜き後の周辺光量補正

写真の周辺部を明るくすることで、雰囲気が重くならないようにできます。ただし、明るくしすぎると不自然になりがちですし、見る人の視線が外に逃げやすくもなるので、単調な背景のときやボケが大きなシーンのときだけ使うようにします。

HINT
周辺光量補正との違い

レンズ補正パネルの「周辺光量補正」は、レンズの特性を補正する機能なので、もともとの画面の四隅に均等に効果を発揮します。そのため、トリミング（切り抜き）を行った写真に適用すると、効果に偏りが出る場合があります。一方、「切り抜き後の周辺光量補正」は、トリミング後の画面の四隅に均等に効果を発揮するため、トリミングの範囲や縦横比を変更しても問題ありません。

Section 43 レンズの歪曲収差によるゆがみを補正しよう

CC | RAW | ゆがみ
Classic | JPEG | プロファイル補正

レンズの歪曲収差は、建物などを撮るときには気になりやすいものですが、Lightroomの**プロファイル補正機能**を使えばワンクリックで補正できます。また、手動での微調整も容易です。

Before：レンズの歪曲収差で曲がった線を、
After：ワンクリックでまっすぐに補正します。

1 プロファイル補正でゆがみを補正する

1 レンズ補正パネルを表示し、
2 <プロファイル>タブをクリックして、
3 <プロファイル補正を使用>をクリックしてオンにします。

KEYWORD

レンズプロファイル

「レンズプロファイル」には、歪曲収差や周辺光量低下の度合いといったレンズの特性が記録されており、その情報にもとづいて適切な補正を行います。Lightroomでは単に「プロファイル」とだけ記されていますが、P.67で解説したカメラマッチング（プロファイル）と区別するため、ここではレンズプロファイルと表記します。<プロファイル>タブでは、撮影したレンズのメーカー名やモデル名などが確認できます。対応するレンズプロファイルがない場合は手動で補正します。

2 プロファイルがないときに手動で補正する

補正前

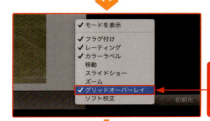
1 ツールバー右端の▼をクリックして、表示されたメニューから＜グリッドオーバーレイ＞をクリックしてオンにし、

2 ツールバーの＜グリッドを表示＞をクリックして＜常にオン＞をクリックします。

3 レンズ補正パネルを表示し、

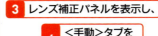
4 ＜手動＞タブをクリックします。

5 ＜ゆがみ＞スライダーをドラッグして、グリッドの線を参考に、画面内の線がまっすぐになるように補正します。

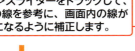

6 ＜切り抜きを制限＞をクリックしてオンにします。

HINT
手動での歪曲収差補正

＜ゆがみ＞の＜適用量＞のスライダーを右にドラッグすると、タル型の歪曲（直線が画面の外に向かって膨らむように曲がります）が補正でき、左にドラッグするとイトマキ型の歪曲（直線が画面に中央に向かってへこむように曲がります）が補正できます。＜切り抜きを制限＞をクリックしてオンにしておくと、補正で生じた余白部分を自動的にカットできます。

STEPUP
画面の傾きが気になるとき

歪曲収差があると、まっすぐなはずの線が曲がって写るため、画面のわずかな傾きに気づかないことがあります。その場合は、ツールストリップの＜切り抜き＞ツールを使って傾きを補正します。

HINT
グリッドのオプション

グリッドの＜サイズ＞（線の間隔）や＜不透明度＞（線の濃さ）は Ctrl （Macでは command ）を押し続けると画面の上部に表示されます。＜サイズ＞または＜不透明度＞を左右にドラッグすることで、それぞれを変更できます。

Section 44 上すぼまりの建物をまっすぐに補正しよう

`CC` `Classic` `RAW` `JPEG` Uprightツール / ガイド付き

広角レンズなどで建物を見上げて撮ると、**上すぼまりに変形**して写ります。Lightroomの**Uprightツール**を使うと容易に修正できます。新機能の「ガイド付き」なら、より正確な補正が可能です。

Before

上すぼまりに写った建物を、

After

まっすぐに補正します。

1 変形した建物をUprightツールで補正する

あらかじめ＜ホワイトバランス＞や＜露光量＞などを補正しています。

1 変形パネルを表示し、
2 左上の＜ガイド付きUprightツール＞をクリックします。

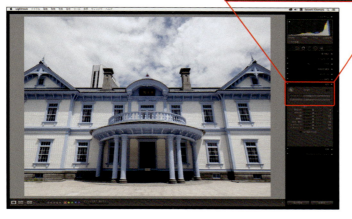

NEW

ガイド付きUprightツール

新しい「ガイド付きUprightツール」は、画面内に数本のガイド線を引くだけで、かんたんかつ正確に水平と垂直に補正できる機能です。ワンクリックで操作できる従来のUprightツールに比べるとやや手間は増えますが、確実な結果が得られるのが強みです。

3 建物の垂直に修正したい線の下端から、

4 線の上端までドラッグしてガイドを引きます。

5 同様に垂直に修正したい線に沿ってもう1本のガイドを引くと、

6 2本のガイドが垂直になるよう補正されます。

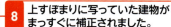

7 同様に水平にしたい線に沿ってガイドを引きます。

8 上すぼまりに写っていた建物がまっすぐに補正されました。

MEMO

そのほかのUprightツール

Uprightツールには、ここで説明した＜ガイド付き＞のほか、＜自動＞＜水平方向＞＜垂直方向＞＜フル＞があり、これらはクリックするだけで補正が行えます。また、下部のスライダーを利用して手動での補正も可能です。

補正前

自動

フル

2 切り抜きツールで余白をトリミングする

1 ツールストリップの＜切り抜き＞ツールをクリックし、

2 ＜画像に固定＞をクリックしてオンにします。

3 画面四隅の切り抜きハンドルをドラッグして、トリミングして残す部分の範囲を調整します。

HINT

Uprightツールの前にレンズ補正を行う

Uprightツールを使用する際は、あらかじめレンズ補正パネルで歪曲収差を補正しておいてください（P.97参照）。歪曲収差によってまっすぐなはずの線が曲がったままだと、Uprightツールで変形を行う際に適切な補正ができなくなるためです。

Section 45 街の景色をセピア調の写真に仕上げよう

| CC | RAW | 明暗別色補正 |
| Classic | JPEG | プリセット |

最近はセピア調の写真を撮る機能を持ったカメラもありますが、Lightroomなら**明暗別色補正**でオリジナルの**セピア調**に仕上げられるほか、クリックするだけのプリセットも用意されています。

Before　カラーで撮った写真から、
After　セピア調の白黒写真に仕上げます。

1 カラーの写真を白黒にして階調を整える

1. 基本補正パネルの<色表現>の<白黒>をクリックし、
2. 写真を白黒に変換します。

KEYWORD

セピア調

「セピア」とは、もともとイカやタコのスミを用いた黒褐色の絵の具のことで、その色合いに似た白黒写真をセピア調などと言います。古い白黒写真が変色したケースのほか、印画紙の銀を銅などと置き換える化学処理を行ってセピア調にする手法もあります。

3 <露光量>や<コントラスト>などを操作して階調を整えます。

4 B&Wパネルを開いて、

5 <レッド>を「+100」に、<オレンジ>を「+65」に上げ、<ブルー>を「-39」に下げます。

画面の部分部分の明るさを調整して、メリハリを出します。

MEMO

明暗別色補正

「明暗別色補正」は、写真の中の明るい部分と暗い部分に対して、別々に色を加える機能です。白黒写真に適用するとセピア調やシアン調などにできるほか、カラー写真に適用してクロスプロセス風に仕上げることもできます。意図的にカラーバランスを崩したいときによく使う機能です。

2 明暗別色補正でセピア調の色味に変える

1 明暗別色補正パネルを表示し、

2 <シャドウ>の<彩度>を「40」に、<色相>を「40」に設定します。

3 暗い部分の色味がセピア調に変わりました。

4 <ハイライト>の<彩度>を「20」に、同じく<色相>を「50」に設定します。

5 明るい部分の色味もセピア調に変わりました。

HINT

下から順に補正する理由

<彩度>が「0」の状態で<色相>スライダーを動かしても色味は変化しません。そのため、仮に<彩度>を変えて<色相>を操作して偏らせる色を選んでから、必要に応じて<彩度>を再調整します。また、写真の中の暗い部分が多い場合、<ハイライト>より先に<シャドウ>を操作するほうが効率的です。下から順に補正しているのはそういうわけです。

HINT

プリセットの活用

Lightroom Classic CCのプリセットパネルの<クラシック-白黒階調>フォルダーには、<アンティーク><アンティークライト><クリーム調>など複数のセピア系プリセットが用意されています。いずれもクリックするだけで利用できるうえ、これらをベースに好みなどに合わせて追加で補正することもできますので、活用してみてください。

127

Section 46 ポップなキャンディーカラーの アート写真に仕上げよう

CC Classic / RAW JPEG / 彩度 / カラー

Lightroomなら、何気なく撮ったスナップ写真を、ポップな**キャンディーカラー**のアート作品に変えられます。補正した内容をプリセットとして保存しておくと、ほかの写真にもかんたんに適用できます。

Before / After

ごく普通のスナップ写真を、

ポップでカラフルなアート作品に仕上げます。

1 自然な彩度と彩度をめいっぱい上げる

あらかじめ＜色収差を除去＞をオンにしています。

1 基本補正パネルを表示し、

2 ＜自然な彩度＞と＜彩度＞の数値を「+100」に上げます。

3 写真全体が色鮮やかになりました。

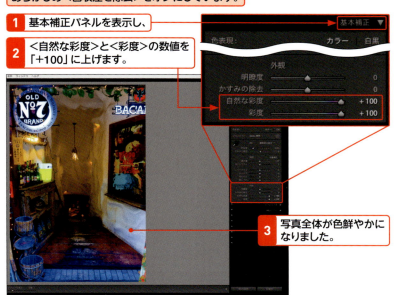

STEPUP プリセットとして保存する

Lightroomでは、補正した内容を「プリセット」として保存しておくことができます（P.150参照）。保存したプリセットはプリセットパネルの＜User Presets＞フォルダーに登録され、クリックするだけでほかの写真に適用できます。とくにこうしたアート写真の補正は保存しておくと便利です。

3 写真にもうひと味プラスしてみよう

2 カラーパネルで色ごとに彩度と輝度を調整する

1 カラーパネルを表示し、
2 ＜すべて＞をクリックして、
3 色ごとに＜彩度＞と＜輝度＞を調整します。

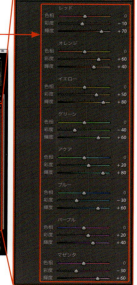

HINT
色収差とホワイトバランス

極端に色を鮮やかにするので、色収差があるととても目立つため、あらかじめ＜色収差を除去＞で補正しておきます。また、ホワイトバランスの設定によって大きく色味が変わるので、好みに合わせて補正してください。

昼光	タングステン -白熱灯

4 ＜露光量＞や＜コントラスト＞などを補正して整えます。

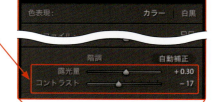

5 ポップなアート調の写真に仕上がりました。

HINT
カラーを調整するポイント

色ごとの＜彩度＞や＜輝度＞を調整するときは、スライダーを「－100」にしたり「＋100」にしたりして、どの部分が影響を受けるのかを確認してから操作します。大きく数値を動かしてみて、好みに合う鮮やかさ、明るさを選ぶようにするとわかりやすいです。また、色ごとに強弱や濃淡を変えて変化を付けるほうが仕上がりがよくなります。

オレンジの彩度：-100	オレンジの彩度：+100

Section 47 ハイコントラストで粗粒子な写真に仕上げよう

`CC` `RAW` `トーンカーブ`
`Classic` `JPEG` `粒子`

滑らかな階調の白黒写真も悪くはありませんが、わざと白飛びや黒つぶれを起こした**ハイコントラストな表現**も楽しんでみましょう。**粒子を粗く**してみるのもおもしろいので試してみてください。

Before / After

インパクトのある被写体を、

ハイコントラストにして、さらにインパクトを強めました。

1 カラーの写真を白黒にしてコントラストを上げる

1. 基本補正パネルの＜色表現＞の＜白黒＞をクリックします。
2. ＜コントラスト＞と＜明瞭度＞を「+100」に設定し、
3. トーンカーブパネルを表示して、
4. ポイントカーブメニューから＜コントラスト（強く）＞をクリックします。
5. 全体のコントラストがかなり高くなりました。

MEMO

粒子効果

「粒子」はフィルムの粒状感に似た表現を与える機能で、数値を高くすることで高感度フィルムや増感したときのような粗粒子写真に仕上げられます。＜粒子＞の＜適用量＞は粒状感の度合いを決めます。＜サイズ＞は粒子の大きさで、大きくするほど細部の描写は劣化します。＜粗さ＞は粒子の規則性を調整します。低くすると均一な粒状感に、高くすると不規則な粒状感が得られます。なお、Lightroom CCでは＜粒子＞の右横の◀をクリックして、＜サイズ＞や＜粗さ＞を利用します。

2 粒子を粗くしてB&Wパネルとトーンカーブを微調整する

細部の変化が確認しやすいよう1：1表示に切り替えています。

1 効果パネルを表示し、

2 ＜粒子＞の＜適用量＞と＜粗さ＞を「100」に設定します。

3 粒子が粗くなって、ざらつきが生まれます。

4 B&Wパネルを表示し、
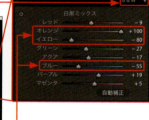

5 ＜オレンジ＞を「＋100」に、＜イエロー＞を「－80」に、＜ブルー＞を「－55」に設定します。

6 メリハリ感が強まりました。

7 トーンカーブパネルで＜ポイントカーブ＞を操作してわざと白飛びを起こします。

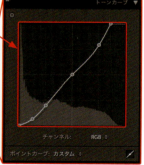

8 明暗の差が大きくなって、力強い印象に仕上がりました。

HINT

細かい操作は1：1表示で

＜粒子＞などの細部の描写を変化させる項目を補正する際は、必ず1：1表示で操作を行います。全画面で見ているだけでは読み取れない、わずかな違いを確認しながらの作業を心がけてください。また、意図的に白飛びや黒つぶれを発生させる場合は、＜クリッピングインジケーター＞をオンにしておくとよいでしょう。

補正前

適用量：100、粗さ：100

HINT

意図的に白飛びを発生させる

ここではポイントカーブ右上のコントロールポイントを左にドラッグして白飛びを起こしています。なお、一般的なインクジェットプリンターでは、白飛びした部分にはインクが吹き付けられないため、ほかの部分と光沢感などに差が出ることがあります。プリントの仕上がりで違和感がある場合は、白飛びを起こさない範囲で補正してください。

Section 48 トイカメラ風のレトロ調写真に仕上げてみよう

CC | RAW | 切り抜き後の周辺光量補正
Classic | JPEG | 明暗別色補正

画面の四隅を暗くしてわざとカラーバランスを崩すと、まるでおもちゃのカメラで撮ったかのような不思議な色味に加工できます。ここでは、**切り抜き後の周辺光量補正**と**明暗別色補正**を使います。

Before

一眼カメラで撮った写真を、

After

トイカメラで撮ったかのように仕上げます。

1 切り抜き後の周辺光量補正で四隅を暗くする

1 効果パネルを表示し、

2 ＜切り抜き後の周辺光量補正＞の＜適用量＞を「−60」に、

3 ＜中心点＞を「40」に、＜丸み＞を「+100」に、＜ぼかし＞を「100」に設定します。

4 画面の周辺部が暗くなります。

KEYWORD

切り抜き後の周辺光量補正

レンズ補正パネルの「周辺光量補正」は、レンズの特性を補正する機能なのに対して、「切り抜き後の周辺光量補正」は、画づくりのための機能と言えます。トリミングしたあとの写真にも対応できるほか、＜丸み＞や＜ぼかし＞といった項目を使って、光量の落ち方を柔軟に調整できます。なお、Lightroom CCでは、トリミングに対応した＜周辺光量補正＞の右横の◀をクリックして、＜丸み＞などのオプションを利用します。

2 明暗別色補正でカラーバランスを崩す

1 明暗別色補正パネルを表示し、
2 ＜ハイライト＞の＜色相＞を「90」に、
3 ＜ハイライト＞の＜彩度＞を「20」に設定します。

4 カラーバランスをわずかに崩しました。

5 あとは、＜露光量＞＜コントラスト＞などを補正して整えます。

明暗別色補正を操作するポイント

＜明暗別色補正＞は、白黒写真に色を付けたり、カラー写真でカラーバランスを崩す効果を持っています。＜ハイライト＞は明るい部分、＜シャドウ＞は暗い部分の色味を変化させます。補正する際は、いずれかの＜彩度＞をいったん「20」程度に上げて、好みなどに合わせて＜色相＞を選び、その後、ほどほどの鮮やかさになるように＜彩度＞を再調整します。＜ハイライト＞と＜シャドウ＞の＜色相＞の設定が異なる場合、＜バランス＞の数値をプラス側にすると＜ハイライト＞の、マイナス側にすると＜シャドウ＞の設定の影響が強くなります。

STEPUP

より高度な色表現を目指す

カラーバランスをさらに変えたいときは、＜明暗別色補正＞の＜シャドウ＞を調整するか、カラーパネルで色ごとに＜彩度＞や＜輝度＞を変化させます。気に入った設定ができあがったら、「プリセット」を作成しておくと（P.150参照）、クリックするだけでほかの写真に適用できるようになります。

一部の色だけ残した白黒写真に仕上げよう

CC **RAW** **HSL**
Classic **JPEG** 色相／彩度／輝度

ワンポイントカラーなどと呼ばれる、**一部の色**だけを残した白黒写真が撮れる機能を、Lightroomでシミュレートしてみます。色相、彩度、輝度を変化させることで、全体のメリハリなども補正できます。

Before

カラー写真の中の消したい色を、

After

彩度を下げて白黒化します。

1 不要な色の彩度を下げて残す色を統一する

あらかじめ＜切り抜き＞ツールで画面の傾きを補正し、＜コントラスト＞と＜明瞭度＞を「+20」に設定しています。

1. HSLパネルを表示します。
2. ＜彩度＞タブをクリックし、
3. ＜レッド＞と＜オレンジ＞以外を「−100」に設定します。

MEMO

中間色の場合は複数の色を残す

HSL/カラーパネルは、色を8つに分けて微調整できるようになっていますが、たとえばレッドとオレンジの中間の色を残したいような場合は、複数の色を残すようにします。どのスライダーを操作すればよいかがわかりづらいときは、＜彩度＞を「−100」や「+100」に変えてみて、画面の変化を確かめてみてください。

4 <色相>タブをクリックし、

5 <レッド>を「+100」に設定します。

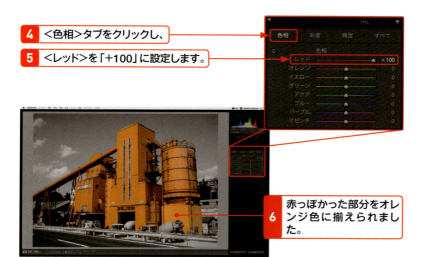

6 赤っぽかった部分をオレンジ色に揃えられました。

HINT

色ごとに輝度を変える

通常、階調を調整するには基本補正パネルの項目を操作しますが、空の明るさだけ変えたいような場合は、HSLパネルで<ブルー>の<輝度>をマイナス側に補正します。ただし、大きく数値を変えると、エッジ部分に不自然な縁取りが生じやすくなるので、中間の色の<輝度>を調整することで軽減できます。

2 各色の輝度を補正してメリハリを調整する

1 <輝度>タブをクリックし、

2 <ブルー>を「-70」に設定します。

3 ナビゲーターで4:1表示に切り替えます。エッジ部分に不自然な明るい縁取りがあらわれています。

4 <パープル>と<マゼンタ>をそれぞれ「-60」「-35」に設定します。

5 縁取りが目立たなくなりました。

STEPUP

残した色を変化させる

残した色をほかの色に変えたいときは、<色相>スライダーを操作します。たとえば<ブルー>の場合、<色相>を「-100」にすると緑色に、「+100」にすると紫色に変わります。

ブルーの色相：0

ブルーの色相：-100

ブルーの色相：+100

Section 50 オリジナルのクロスプロセスに加工してみよう

CC Classic / RAW JPEG / 明暗別色補正 / ポイントカーブ

不思議な色味が楽しい**クロスプロセス調**に仕上げてみます。Lightroomのプリセットにも用意されていますが、ここでは**明暗別色補正**と**ポイントカーブ**を使った方法を紹介します。

Before — カラーバランスやコントラストを大きく変えて、

After — 不思議な色味の写真に仕上げます。

1 コントラストと明瞭度や彩度を上げてメリハリを出す

1 基本補正パネルを表示して、

2 ＜コントラスト＞を「+80」に、

3 ＜明瞭度＞を「+100」に、

4 ＜彩度＞を「+20」に設定します。

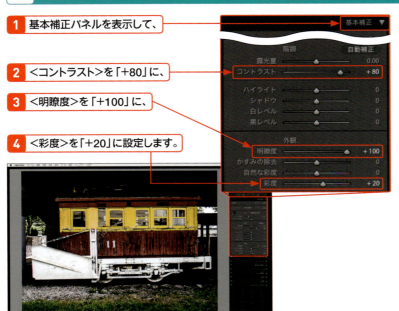

KEYWORD

クロスプロセス

カラーフィルムにはネガフィルムとポジフィルムがあり、それぞれの現像処理の方法は別物です。それに対して、ネガフィルムをポジフィルムの方法で現像したりすることを「クロスプロセス」と言います。クロスプロセス処理を行うと、コントラストが高くなり、ニュートラルでない発色となります。この手法はファッション写真や映画などでも使われるもので、最近はクロスプロセス風の仕上がりにするエフェクト機能を備えたカメラも登場しています。

2 明暗別色補正とポイントカーブでカラーバランスを崩す

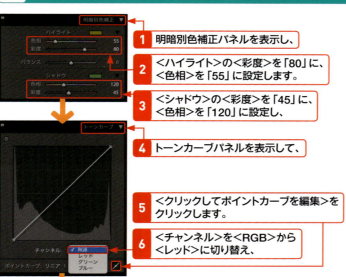

1 明暗別色補正パネルを表示し、

2 ＜ハイライト＞の＜彩度＞を「80」に、＜色相＞を「55」に設定します。

3 ＜シャドウ＞の＜彩度＞を「45」に、＜色相＞を「120」に設定し、

4 トーンカーブパネルを表示して、

5 ＜クリックしてポイントカーブを編集＞をクリックします。

6 ＜チャンネル＞を＜RGB＞から＜レッド＞に切り替え、

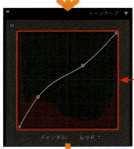

7 ラインをゆるい「逆S」字に曲げます。

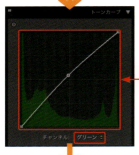

8 同じようにして、＜グリーン＞のラインは少し上に膨らませ、

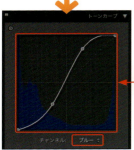

9 ＜ブルー＞のラインはきつめの「S」字状に曲げます。

HINT

操作の順番には要注意

最初に＜コントラスト＞や＜明瞭度＞を補正したのは、以降の手順での色調の変化をつかみやすくするためです。先に色調を変化させてから＜コントラスト＞などを操作すると、極端に強い色味になってしまう場合があります。

MEMO

ポイントカーブの操作方法

通常、ポイントカーブはRGBの各色を均等に変化させます。RGBのチャンネルごとに補正を行うと、カラーバランスが崩れ、正常な色再現が得られなくなるからです。クロスプロセス調などの、意図的にカラーバランスを崩したいとき以外は、ここでやるような操作は行わないでください。

HINT

プリセット保存時のチェックボックス

作成したクロスプロセスを＜プリセット＞として保存する際は、補正を行った項目にだけチェックを入れます。これは補正済みの写真に＜プリセット＞を適用したときに、補正内容が上書きされてしまわないようにするためです。

Section 51 フチをぼかした古い写真のように仕上げよう

`CC` `Classic` `RAW` `JPEG` 切り抜き後の周辺光量補正／明暗別色補正

フチの部分を**白くぼかして**色調を**不自然**に補正すると、変色したカラー写真のように仕上げられます。古い家具や建物、街並みなどに適用してもおもしろい効果が得られます。

Before アンティーク調のディスプレーを、
After 古びた写真のように仕上げます。

1 画面の周辺部を明るくぼかす

1. 効果パネルを表示し、
2. ＜切り抜き後の周辺光量補正＞の＜適用量＞を「＋30」に、
3. ＜中心点＞を「60」に、＜ぼかし＞を「70」に設定します。
4. 周辺部を明るくぼかしました。

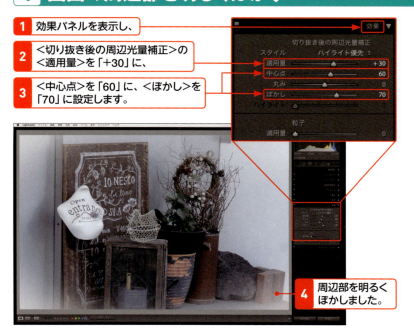

HINT 仮の数値で補正してあとで微調整を行う

フチの部分のぼかし具合や、明暗別色補正の＜彩度＞などは、ほかの要素に影響されやすいので、多くの場合、先に設定してもあとから再調整が必要となります。そのため、作業のはじめは仮の数値で補正しておいて、ほかの要素が確定してから微調整して仕上げるのが基本です。本書ではスムーズに作業を進めているように見えますが、実際はさまざまな項目の数値を上げたり下げたりしながら作業を進めています。

第3章 写真にもうひと味プラスしてみよう

2 コントラストを上げて彩度などで色調を変える

1 基本補正パネルを表示し、

2 <コントラスト>と<明瞭度>を、それぞれ「+80」「+100」に設定します。

3 <自然な彩度>を「−85」に下げ、<彩度>を「+60」に上げて発色を鈍くし、

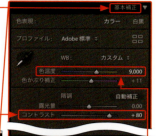

4 <ホワイトバランス>の<色温度>を「9000」にして暖色系に偏った色味にします。

5 明暗別色補正パネルを表示し、

6 <シャドウ>の<彩度>と<色相>を、それぞれ「60」と「50」に設定します。

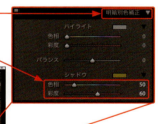

7 写真全体をセピア調のような色味にしました。

8 基本補正パネルの<ハイライト><シャドウ><白レベル><黒レベル>を操作して階調を整えます。

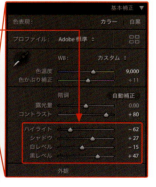

HINT

自然な彩度と彩度

<自然な彩度>は数値を上げたときに色飽和を起こしにくいように地味な色を強調しますが、数値を下げると地味な色から先にあせていきます。その状態から<彩度>を上げると、もともと鮮やかだった色だけが残ることになり、もとの写真とは雰囲気が変わります。反対に<自然な彩度>を上げて<彩度>を下げると、もともと目立たなかった色だけが強調され、全体的に鮮やかになります。

自然な彩度：−85／彩度：+70

自然な彩度：+85／彩度：−60

HINT

色温度と明暗別色補正

<ホワイトバランス>の<色温度>を高くして、全体的な色味を暖色系に変えており、さらに<明暗別色補正>でも<シャドウ>の<色相>をアンバー系の色味に設定したため、カラー写真でありながらセピア調の古めかしい雰囲気にしています。<色温度>と<明暗別色補正>の<色相>を異なる色にすると、写真の雰囲気は大きく変わるので、いろいろ試してみてください。

Section 52 青みがかった淡いトーンの写真に仕上げよう

`CC` `Classic` `RAW` `JPEG` 明暗別色補正 色温度

映画の回想シーンのような**青みがかった淡いトーン**に仕上げてみます。わざとらしくならない程度に**明暗別色補正**を効かせ、最後は**カラーパネル**で色味を落ち着かせました。

Before：撮ったばかりの花の写真でも、
After：想い出の中のワンシーンのように変わります。

1 仕上がりイメージに合わせて色温度と階調を補正する

1. 基本補正パネルを表示し、
2. ＜ホワイトバランス＞の＜色温度＞を「4000」に設定して、青みがかった色調にします。
3. ＜露光量＞を「+1.00」に、＜コントラスト＞を「-20」に、＜ハイライト＞を「-30」に、＜シャドウ＞を「+40」に、＜黒レベル＞を「+25」に設定して、階調をやわらげます。

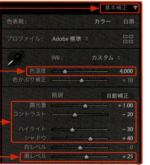

HINT 仕上がりイメージに合わせて色を選ぶ

最終的な仕上がりをイメージして、それに合わせて全体の色調を整えていく必要があります。そのため、ここでは＜ホワイトバランス＞の＜色温度＞を下げてブルー系に偏らせています。さらに、明暗別色補正で強調する色もブルー系を選ぶことで、色味の統一をはかっています。

4 <彩度>を「−20」に設定して、色味を抑えます。

MEMO

白飛びを軽減するには ハイライトを下げる

<露光量>を上げると、明るい部分が白飛びしやすくなります。主要な部分の白飛びは避けたいので、<ハイライト>を低めに設定しました。または、<露光量>を白飛びしない範囲に抑えておいて、<シャドウ>と<黒レベル>をさらに高くする方法もあります。

2 明暗別色補正などで色の味付けを微調整する

1 明暗別色補正パネルを表示し、

2 <ハイライト>の<彩度>と<色相>を、それぞれ「5」と「210」に設定します。

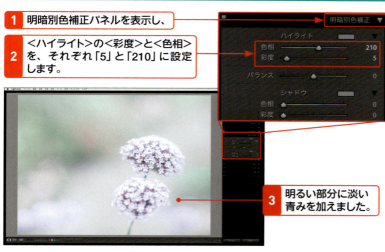

3 明るい部分に淡い青みを加えました。

STEPUP

違った色味に仕上げてみる

やさしい雰囲気に仕上げたい場合は色味を暖色系に変えてみるとよいでしょう。それぞれの仕上がりを<スナップショット>に保存すると、容易に見比べられます。

4 HSLパネルを表示し、

5 <彩度>タブをクリックして、

6 <グリーン>と<アクア>を、それぞれ「−60」に設定します。

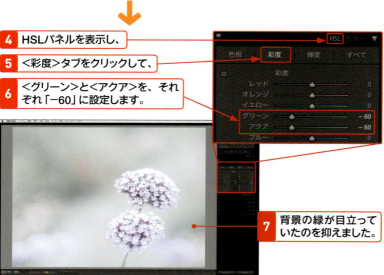

7 背景の緑が目立っていたのを抑えました。

52 青みがかった淡いトーンの写真に仕上げよう

3 写真にもうひと味プラスしてみよう

141

Section 53 夜景の写真をきらびやかに仕上げよう

CC Classic / RAW JPEG / 明瞭度 自然な彩度／彩度

街の夜景はそのままでも美しいですが、思いきった派手な色調に仕上げてみるのもおもしろいです。ここでは明暗の差を抑えてHDR風に加工して、きらびやかで色鮮やかに仕上げてみます。

Before 横長にトリミングした街の夜景を、
After きらびやかなHDR風に仕上げます。

1 明暗差を抑えつつ明瞭度でメリハリを出す

1 基本補正パネルを表示し、
2 ＜ホワイトバランス＞の＜色温度＞を「6000」に設定して、暖色系の色調にします。
3 ＜コントラスト＞を「-70」に下げて明暗の差を減らしつつ、
4 ＜明瞭度＞を「+100」に上げてメリハリ感を出します。

HINT
全体の明暗の差とメリハリの調整

夜景は明るい部分と暗い部分の差が大きいので、＜コントラスト＞ではなく、＜明瞭度＞を上げてメリハリを出します。ここでは非現実的な雰囲気に仕上げたかったので極端な数値に設定していますが、通常はもっとひかえめ（＜コントラスト＞は「-30」程度、＜明瞭度＞は「+30」程度）にします。

2 自然な彩度と彩度を上げて階調を整える

1 ＜自然な彩度＞と＜彩度＞を「+100」に設定します。

2 画面全体がきらびやかになりました。

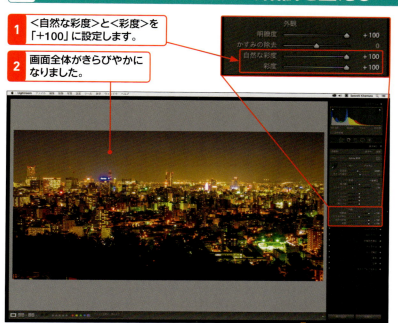

3 ＜露光量＞を「+1.20」に、
4 ＜ハイライト＞を「-100」に、
5 ＜シャドウ＞を「+40」に、
6 ＜黒レベル＞を「-15」にします。

3 悪目立ちする色をカラーパネルで微調整する

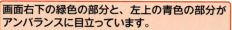

画面右下の緑色の部分と、左上の青色の部分がアンバランスに目立っています。

1 カラーパネルを表示し、

2 ＜グリーン＞の＜色相＞を「-50」に設定します。

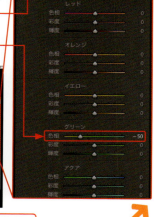

3 強い緑色が黄色系に変わってまわりとなじみました。

STEPUP
意図的に黒つぶれを作る

通常、HDRイメージでは色飛びも黒つぶれもない状態にするのがセオリーですが、真っ黒な部分がないとシマリのないぼんやりした画面になりやすいので、意図的に黒レベルを下げて黒つぶれを発生させています。

HINT
補正の順番について

本書では、上にある項目から順に補正するのを原則にしていますが、ここではイメージどおりの雰囲気にすることを優先したため、＜露光量＞などの基本的な項目より先に＜明瞭度＞や＜彩度＞＜自然な彩度＞を補正しています。

KEYWORD
HDRイメージ

「HDR」は、ハイ・ダイナミック・レンジの略で、写真に写る明るさの範囲（=ダイナミックレンジ）を拡張した、白飛びや黒つぶれのない映像表現のことです。通常、露出を変えて撮った複数枚の写真から白飛びのない部分と黒つぶれのない部分を合成して作成しますが、RAWの潜在能力をめいっぱい引き出すことで疑似的にではありますが、HDR風のイメージを作成することができます。

4 ＜ブルー＞の＜色相＞を「+40」に、＜パープル＞の＜色相＞と＜彩度＞をそれぞれ「+100」「-60」に設定します。

5 強い青色が紫色系に変わって、まわりとなじみました。

6 1：1表示に切り替えて、

7 ディテールパネルを表示し、

8 ＜ノイズ軽減＞の＜輝度＞の数値を「25」に設定します。

9 暗い部分のノイズが少なくなりました。

HINT

高画質に仕上げるには低感度での撮影が基本

HDR風に仕上げるには、白飛びを抑えた露出で撮影する必要があります。そのぶん、全体的には露出アンダーとなるため、暗い部分を大幅に明るく補正することになります。そうすると、暗さの中に隠れていたノイズも明るくなって目立ってきます。撮影時の感度が高いほど、このノイズも多くなるので、高画質に仕上げたいときはできるだけ低感度で撮影するように心がけてください。

STEPUP

大幅な補正に強いフルサイズ

入門者に好まれるAPS-Cサイズに比べて、プロからハイアマチュアに人気のフルサイズ機は、撮像センサーの面積が2倍以上あります。そのため、画素数が同じであれば、よりノイズが少ないうえにダイナミックレンジが広い（白飛びや黒つぶれが少ない）こともあって、大幅な補正を行っても画質劣化が起きにくい傾向となります。下の写真はフルサイズ（左）とAPS-Cサイズ（右）の写真に対して、露光量などを補正したものですが、フルサイズのほうが明らかに階調再現がよいうえに、ノイズも少ないことがわかります。つまり、大幅な補正を前提とするならフルサイズのカメラを選ぶほうが有利というわけです。

STEPUP

ホワイトバランスで大きく雰囲気を変える

さらに非現実的なイメージに仕上げたいときは、＜ホワイトバランス＞の＜色温度＞や＜色かぶり補正＞を変えてみるとよいでしょう。＜色温度＞の数値を低くすると青みの強い寒色系の色調になり、＜色かぶり補正＞の数値を高くすることで紫系の色調にも変えられます（色ごとの＜色相＞や＜彩度＞は「0」に戻しています）。

色温度：4000
色かぶり補正：+8

色温度：4600
色かぶり補正：+38

第4章

Lightroomの便利機能を活用しよう

Section

54	現像設定をコピー&ペーストしよう
55	仮想コピーでバリエーションを作って見比べよう
56	補正内容をプリセットとして保存して活用しよう
57	段階フィルターの使い方を覚えよう
58	段階フィルターで部分的に色調を変えよう
59	円形フィルターの使い方を覚えよう
60	円形フィルターで照明の光ににじみを加えよう
61	フィルターブラシの使い方を覚えよう
62	補正ブラシで部分的に色調を変えてみよう
63	範囲マスクの使い方を覚えよう
64	範囲マスクで特定の色の部分だけを補正しよう
65	人物の肌の部分だけを明るく補正しよう
66	複数の写真を合成してパノラマ写真を作成しよう
67	露出違いの写真を結合してHDR合成しよう
68	スポット修正の修復ブラシでゴミを消そう
69	Photoshopと連携して作業しよう
70	カメラをパソコンにつないで撮影しよう

Section 54 現像設定をコピー&ペーストしよう

CC / Classic / RAW / JPEG / 設定をコピー / 設定をペースト

まったく同じ条件で撮った写真なら、**現像設定**を**コピー&ペースト**することで、まったく同じ設定で現像できます。**複数の写真**に**一括で適用**することもできるので、作業の効率化が可能です。

この写真を、 → このように補正しました。

その設定内容をほかの写真にも、 → かんたん操作で適用できます。

1 補正した内容をコピーする

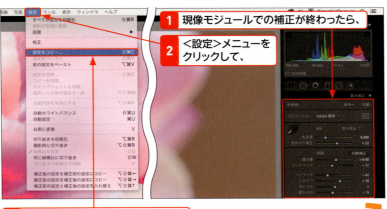

1 現像モジュールでの補正が終わったら、
2 <設定>メニューをクリックして、
3 <設定をコピー>をクリックします。

MEMO

大量の写真を効率よく処理

商品写真のようにさまざまな被写体を同じ構図で撮るときや、ポートレートでポーズや表情だけが違うとき、同じ被写体を縦位置と横位置を切り替えたときなど、同じ条件で何枚も撮ったときなどに、この現像設定のコピー&ペーストを使うと、大量の写真を手早く補正できます。

4 「設定をコピー」画面でコピーしたい項目をクリックしてオンにし（初期設定では全項目がオンになっています）、

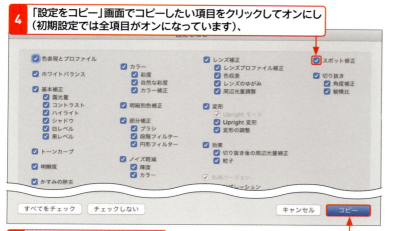

5 ＜コピー＞をクリックします。

2 ほかの写真に設定をペーストする

1 同じように仕上げたい別の写真を表示して、

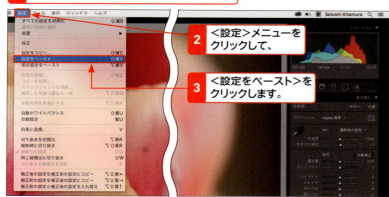

2 ＜設定＞メニューをクリックして、

3 ＜設定をペースト＞をクリックします。

4 設定内容がまったく同じになりました。

HINT

必要な項目だけチェックボックスをオンに

たとえば、トリミングの異なる写真に＜設定をペースト＞したいときは、＜切り抜き＞のチェックボックスをクリックしてオフにします。これを利用することで、設定の上書きによるトラブルを防ぐことができます。なお、Lightroom CCではこのオプションはなく、トリミングなどはコピー＆ペーストされません。

MEMO

ボタンによる操作

現像モジュールの左側パネル下部の＜コピー＞＜ペースト＞をクリックしても、設定のコピー＆ペーストは可能です。

HINT

複数の写真に一括で設定をペーストする

ライブラリモジュールのグリッド表示で複数の写真を選択した状態で、＜写真＞メニューの＜現像設定＞→＜設定をペースト＞をクリックすると、選択したすべての画像にまとめて現像設定をペーストできます。

Section 55 仮想コピーでバリエーションを作って見比べよう

`CC` `Classic` `RAW` `JPEG` 仮想コピー スタック

同じ写真でも設定を少し変えただけで雰囲気がまったく変わります。それぞれの仕上がりを見比べたいときに便利なのが**仮想コピー**です。スタックの使い方も覚えておくと便利です。

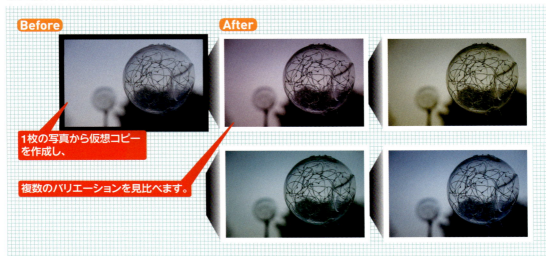

Before / After

1枚の写真から仮想コピーを作成し、
複数のバリエーションを見比べます。

1 仮想コピーを使って設定の違うバリエーションを作る

1 現像モジュールでの補正が終わったら、

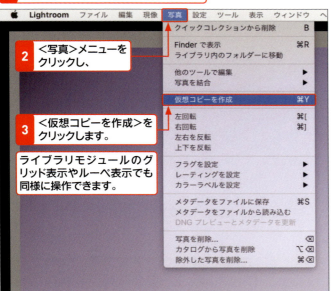

2 ＜写真＞メニューをクリックし、

3 ＜仮想コピーを作成＞をクリックします。

ライブラリモジュールのグリッド表示やルーペ表示でも同様に操作できます。

MEMO

仮想コピー

「仮想コピー」は、Lightroomのカタログの中にだけ存在するショートカット（Macではエイリアス）のようなもので、オリジナルの写真（マスター）のような実態はありません。パソコンのストレージ容量を気にせずに何枚でもコピーを作成でき、さまざまなバリエーションを試してみることができます。なお、Lightroom CCでは＜編集＞メニューの＜1枚のコピーを作成＞で同様のことが可能です。

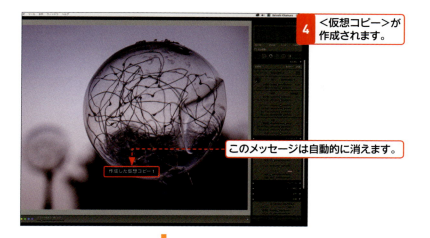

4 <仮想コピー>が作成されます。

このメッセージは自動的に消えます。

5 設定の異なるバリエーションを作成します。

MEMO

複数の写真の仮想コピーをまとめて作成する

ライブラリモジュールの<グリッド>表示で、複数の写真を選択し、<写真>メニュー→<仮想コピーを作成>をクリックすると、複数の写真の仮想コピーを一括して作成することができます。

STEPUP

仮想コピーを見比べるには

仕上がりを変えた仮想コピーを見比べるには、ライブラリモジュールの<グリッド>表示でオリジナルと仮想コピーを選択し、ツールバーの<選別>表示をクリックします。

STEPUP

スタックについて

連写した写真や露出を変えて撮った写真などをグループ化しておけるのが「スタック」です。仮想コピーは自動的にスタック化され（スタック化した写真のサムネールは枠部分が濃いめのグレーに変わります）、スタックの左右端をクリックすることで1枚ぶんにまとめたり展開したりできます。手動でスタック化するには、<グリッド>表示で写真を選択し、<写真>メニューの<スタック>→<スタックでグループ化>をクリックします。

ライブラリモジュール：画面表示領域

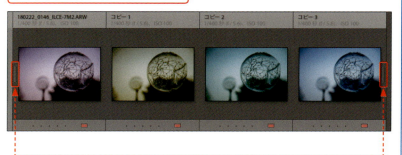

ここをクリックするとスタックを折り畳んだり、展開したりすることができます。

Section 56 補正内容をプリセットとして保存して活用しよう

CC Classic / RAW JPEG / プリセットの保存 / ユーザープリセット

写真を補正した設定内容は、**プリセット**として保存できます。よく使う設定やお気に入りのエフェクトをプリセットとして保存しておけば、ほかの写真に**ワンクリック**で**適用**できます。

補正内容をプリセットとして保存して、 別の写真に、 ワンクリックで適用できます。

1 補正した設定内容をプリセットに保存する

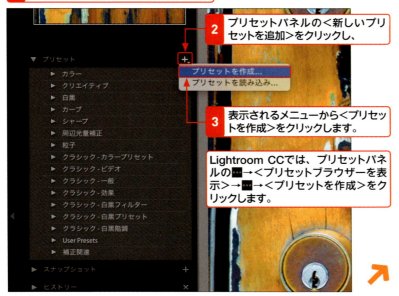

1 現像モジュールでの補正が終わったら、

2 プリセットパネルの＜新しいプリセットを追加＞をクリックし、

3 表示されるメニューから＜プリセットを作成＞をクリックします。

Lightroom CCでは、プリセットパネルの▪▪▪→＜プリセットブラウザーを表示＞→▪▪▪→＜プリセットを作成＞をクリックします。

MEMO

不要な項目はオフにする

プリセットには、「現像補正プリセット」画面の＜設定＞エリアの各項目のうち、チェックボックスがオンになっているものだけが保存されます。初期設定では全項目がオンになっているので、補正していない項目はチェックボックスをクリックしてオフにします。現像設定のコピー＆ペースト（P.146参照）と同様、設定の上書きによるトラブルを防ぐのが目的です。

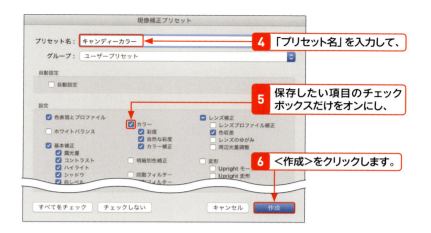

MEMO

処理バージョン

「現像補正プリセット」画面下部の＜チェックしない＞をクリックしても、＜処理バージョン＞だけはオフになりません。これは、オフにするとLightroomの今後のバージョンで仕上がりが変わってしまう可能性があるからで、通常はオンのままにしておいてください。

2 保存したプリセットを別の写真に適用する

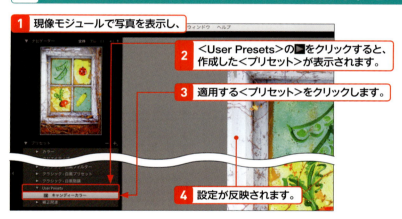

HINT

プリセットの削除と名前変更

保存したプリセットを削除するには、右クリック（Macでは control ＋クリック）し、表示されるメニューから＜削除＞をクリックします。名前を変えたいときは、同様にして＜名前変更＞を選びます。なお、初期設定のプリセットは削除したり、名前を変えたりすることはできません。

STEPUP

Lightroom CCにプリセットをコピーする

Lightroom Classic CCで作成したプリセットは、Lightroom CCとも互換性がありますが、保存されるフォルダーが異なるため、そのままでは利用できません。それぞれのユーザープリセットフォルダーを開き、必要なプリセットのファイルをコピーする必要があります。Lightroom Classic CCでは、保存したプリセットを右クリックし（Macでは control ＋クリック）、表示されるメニューから＜エクスプローラーで表示＞（Macでは＜Finderで表示＞）をクリックして、フォルダーを開いてコピーします。Lightroom CCでは、プリセットパネルの・・・をクリックし、＜プリセットを読み込み＞を選択して、フォルダーを開いてコピーします。Lightroom CCの場合は、その後再起動してください。

Lightroom Classic CCのプリセットのフォルダーを開いて、

プリセットをLightroom CCのプリセットフォルダーにコピーします。

Section 57 段階フィルターの使い方を覚えよう

CC | RAW | 段階フィルター
Classic | JPEG | 線形グラデーション

写真の一部分だけに補正を加えたいときに役立つのが、**段階フィルター**や**円形フィルター**です。直線的な範囲選択を行う段階フィルターは、風景写真で**空の部分だけを補正**したいときなどに利用します。

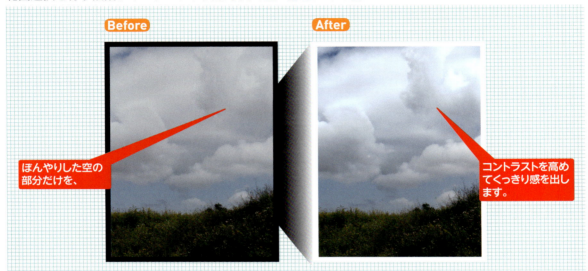

Before ほんやりした空の部分だけを、
After コントラストを高めてくっきり感を出します。

1 段階フィルターを使って空の部分だけを選択する

あらかじめ、<ホワイトバランス>の<色温度>を「5200」に設定しています。

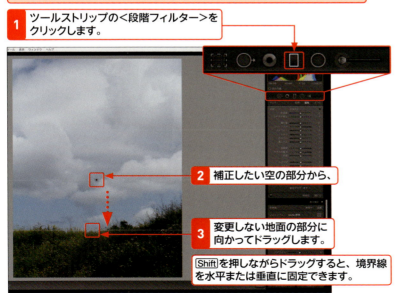

1 ツールストリップの<段階フィルター>をクリックします。
2 補正したい空の部分から、
3 変更しない地面の部分に向かってドラッグします。

Shiftを押しながらドラッグすると、境界線を水平または垂直に固定できます。

MEMO

段階フィルター

「段階フィルター」は範囲選択ツールの1つで、3本の直線で写真の一部分を選択し、ドロワー内の項目を補正することができます。この写真の地面と空のように、境界が直線的なケースに対応しやすいツールです。Lightroom CCでは「線形グラデーション」という名称となっています。線を引いたあとで、<反転>チェックボックスをクリックするだけで選択範囲を反転させられるところは便利になった点です。

2 ドロワー内の各スライダーで空の部分を補正する

1 スライダーを操作して、＜露光量＞を「0.10」に、

2 ＜コントラスト＞を「40」に、＜ハイライト＞を「12」に、＜シャドウ＞を「−66」に、＜白レベル＞を「39」に、それぞれ設定します。

3 ＜明瞭度＞を「59」に設定します。

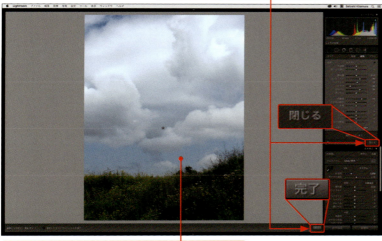

4 ＜完了＞または＜閉じる＞をクリックします。

5 地面の部分に影響を与えずに、空の部分だけをくっきりさせられました。

MEMO

段階フィルターの調整

段階フィルターの選択範囲は、編集ピンをドラッグすることで移動できます。中央の線の編集ピン以外の部分にマウスカーソルを重ねると、マウスカーソルが変化し、ドラッグすることで編集ピンを中心に範囲を回転できます。また、両側の2本の線をドラッグすることで、補正の効果がおよぶ範囲を変更できます。範囲選択を行う際に Shift を押しながらドラッグすると、線の方向を水平または垂直に固定できます。

HINT

フィルターブラシや範囲マスクも併用できる

段階フィルターで選択した範囲を、＜フィルターブラシ＞を使って広げたり、逆に狭めたりもできます（P.160参照）。また、＜範囲マスク＞を利用することで、特定の色や明るさの部分だけを補正できるようになりました（P.164参照）。

HINT

補正効果がおよぶ範囲

段階フィルターで範囲選択を行う際にドラッグを開始する側の線の外（右の写真では上の線より上の部分）は補正効果が100％適用され、ドラッグを終了した側の線の外（下の線より下の部分）は補正効果がなくなります。2本の線の間は補正効果が段階的に変化して適用されます。

わかりやすいように＜露光量＞を「−2.00」に設定しています。

- 効果：100％
- 効果：段階的に変化
- ドラッグの方向
- 編集ピン
- 効果：0％

Section 58 段階フィルターで部分的に色調を変えよう

CC	RAW	段階フィルター
Classic	JPEG	ホワイトバランス

写真の上下で色調を変えたいときにも**段階フィルター**は役立ちます。ここでは、空と林の部分と、収穫間近の麦畑の部分でホワイトバランスを変えることで、それぞれの色味を強調してみました。

Before

色が薄めの麦畑を、

After

温かみのある色味に変えました。

1 段階フィルターの上下でホワイトバランスを変える

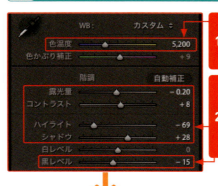

1. 基本補正パネルの＜ホワイトバランス＞の＜色温度＞を「5200」に設定して、空の青と林の緑を鮮やかな色味にします。

2. ＜露光量＞を「−0.20」に、＜コントラスト＞を「+8」に、＜ハイライト＞を「−69」に、＜シャドウ＞を「+28」に、＜黒レベル＞を「−15」に、それぞれ設定します。

3. ツールストリップの＜段階フィルター＞をクリックし、

4. ＜露光量＞を「−2.00」に設定してから、

MEMO

段階フィルターのショートカットキー

キーボード操作で「段階フィルター」を利用するには、Mを押します。再度Mを押すと、段階フィルターを終了できます。

HINT

露光量を変更した理由

段階フィルターのドロワー内の＜露光量＞を「−2.00」にしたのは、段階フィルターの効果がおよぶ範囲を視覚的にわかりやすくするためです。範囲選択後に「0.00」に戻します。

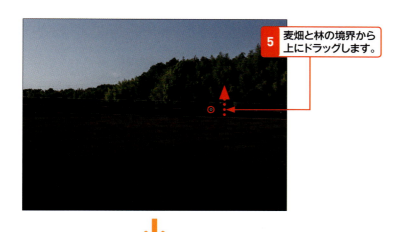

5 麦畑と林の境界から上にドラッグします。

6 ドロワー内の<露光量>を「0.00」に戻して、

7 <色温度>を「50」に、

8 <色かぶり補正>を「−9」に設定します。

9 <完了>または<閉じる>をクリックします。

10 麦畑の色味が濃くなりました。

HINT

麦畑に合わせたホワイトバランス

この写真の場合、麦畑の色味だけを考えると、<ホワイトバランス>の<色温度>は「8200」程度に設定したいところです。しかし、そうすると空も林もかなり黄色みを帯びることになって、クリアな色味に仕上がってくれません。そのため、ここでは画面の上下で異なるホワイトバランスにしたかったわけです。

HINT

一時的に効果をオフにする

段階フィルターによる補正の前後を見比べたいときは、ドロワー左下にある<段階フィルターをオフにする>をクリックします。再度クリックするとオンに戻ります。なお、ドロワー右下にある<初期化>をクリックすると、すべての選択範囲をまとめて消去できます。

Section 59 円形フィルターの使い方を覚えよう

`CC` `RAW` `Classic` `JPEG` 円形フィルター／円形グラデーション

円形フィルターは、名前のとおり円形または楕円形の範囲を選択して補正を行うためのツールで、**円の内側**または**外側**だけを補正したいときに使用します。狭い範囲の部分的な補正にも役立ちます。

Before 写真の背景の部分の、
After 明るさと鮮やかさを変えます。

1 円形フィルターで背景部分を暗くして色を薄くする

あらかじめ、＜ホワイトバランス＞や＜露光量＞＜コントラスト＞などを調整しています。

1. ツールストリップの＜円形フィルター＞をクリックします。
2. ＜露光量＞を「-2.00」に設定して、
3. 主要被写体の中心部から、外側に向かってドラッグします。

Shiftを押しながらドラッグすると、正円に固定できます。

MEMO

円形フィルター

「円形フィルター」は、段階フィルターと同じく範囲選択ツールの1つで、円形または楕円形の範囲の内側または外側だけに対して、ドロワー内の項目を補正できます。塊状の被写体を選択するのに便利なツールです。Lightroom CCでは「円形グラデーション」という名称となっています。

2 ドロワー内の各スライダーで背景部分を補正する

1 ドロワー下部の<反転>がオフになっていることを確認し(オンになっているときはクリックしてオフにします)、

2 <露光量>を「−0.93」に、

3 <彩度>を「−70」に、それぞれ設定します。

4 <完了>または<閉じる>をクリックします。

HINT
円形フィルターの調整

円形フィルターの選択範囲は、円内をドラッグすることで移動できます。円の上下左右の4つのポイントをドラッグすることで、円の大きさや形を変えられます。このときに[Shift]を押しながらドラッグすると円の形状を変えずに大きさだけ変更できます。また、円の少し外側をドラッグすることで選択範囲を回転できます。

選択範囲を回転させたところ。

HINT
補正効果のおよぶ範囲

円形フィルターでは、実行する際にドラッグを開始した位置が円の中心となり、ドラッグする方向と距離によって、円の大きさと形が決まります。初期設定では円の外側が選択範囲となりますが、ドロワー下部の<反転>をクリックしてオンにすると、円の内側が選択範囲となります。<ぼかし>は、補正効果が変化する「なだらかさ」を設定する項目で、右にドラッグすると変化がなだらかに、左にドラッグすると急になります。

マスクを反転	ぼかし：0	ぼかし：100

わかりやすいようにマスクオーバーレイをオンにしています。

Section 60 円形フィルターで照明の光ににじみを加えよう

CC Classic / RAW JPEG / 円形フィルター / かすみの除去

白熱灯照明の温かみは、露光量だけで表現するのは難しいので、**円形フィルター**と**かすみの除去**を組み合わせて光をにじませてみました。ここでは4つの円形フィルターを同じ設定にしています。

Before / After

シャンデリアの光のまわりに、

温かみのあるにじみを加えました。

1 円形フィルターで光のまわりに選択範囲を作る

あらかじめ<露光量>を「＋1.15」に、<ハイライト>を「－84」に設定しています。

1 ツールストリップの<円形フィルター>をクリックし、

2 ドロワー下部の<反転>をクリックしてオンにして、

3 Shift を押しながら光の中心からドラッグして範囲選択します。

4 同様の操作を行い、ほかの光にも選択範囲を作成します。

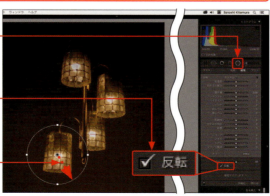

MEMO

円形フィルターのショートカットキー

キーボード操作で円形フィルターを利用するには Shift ＋ M を押します。再度 Shift ＋ M を押すと、円形フィルターの編集作業を終了できます。

2 選択範囲を明るくしてかすみの除去で光をにじませる

1 作成した選択範囲の編集ピンをクリックして選択し、

2 ドロワー内の<露光量>を「0.70」に、

3 同じく<かすみの除去>を「-3」に設定します。

4 ほかの選択範囲も同様に設定します。

5 設定を終えたら、<完了>または<閉じる>をクリックします。

6 効果パネルを表示して、

7 <切り抜き後の周辺光量補正>の<適用量>を「-16」に設定します。

MEMO
かすみの除去で光をにじませる

<かすみの除去>は、名前のとおり、遠景などのかすみを取りのぞいてクリアな描写にする機能ですが、マイナス側に補正することでかすみがかったように加工することもできます。ここでは円形フィルターの範囲内にだけ適用したことで、照明器具のまわりに光のにじみを作り出しています。

HINT
補正の量はひかえめに

<かすみの除去>は強い効果を持った機能なので、大きな数値に設定すると不自然さが目立ってしまいます。もちろん、作為的に使ってもかまいませんが、ここでは自然な雰囲気を壊さない範囲の補正にとどめています。

HINT
編集ピンの表示

ツールバーの左端にある<編集ピンを表示>は、初期設定の<常にオン>ではすべての編集ピンが常時表示され、クリックして選択した編集ピンのまわりには効果がおよぶ範囲を示す円も表示されます。これを<自動>に切り替えた場合、マウスカーソルを画像表示領域の外に出すと編集ピンなどは非表示になります。数値を変えたいときに画面の変化が見やすくなります。

円形フィルターで照明の光ににじみを加えよう

4 Lightroomの便利機能を活用しよう

159

Section 61 フィルターブラシの使い方を覚えよう

フィルターブラシは、段階フィルターや円形フィルターと**組み合わせて**利用できる**範囲選択ツール**です。ブラシで塗りつぶす要領で段階フィルターなどで選択した範囲を、広げたり狭くしたりできます。

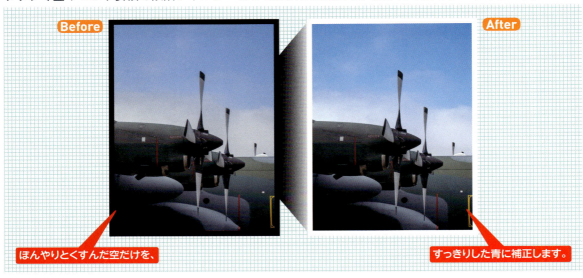

Before: ほんやりとくすんだ空だけを、
After: すっきりした青に補正します。

1 段階フィルターで空の部分を選択して補正する

あらかじめ＜ホワイトバランス＞や＜露光量＞などを補正しています。

1 ツールストリップの＜段階フィルター＞をクリックし、

2 Shift を押しながら上から下にドラッグして空の部分を選択します。

3 ドロワー内の＜露光量＞や＜ハイライト＞＜シャドウ＞などを補正して、空の青さを引き出します。

MEMO

フィルターブラシ

「フィルターブラシ」は、範囲選択ツールの機能を拡張するもので、段階フィルターや円形フィルターで作成した選択範囲を広げたり、狭くしたりできます。マウスでなぞる操作で複雑な形の範囲選択が行えるのが特徴です。

2 フィルターブラシで飛行機と空の境界を微調整する

段階フィルターで選択している範囲が色付き（ここではグリーン）で表示されます。

1 ツールバーの＜選択したマスクオーバーレイを表示＞をクリックしてオンにします。

2 ＜マスク＞の＜ブラシ＞をクリックし、

3 ＜消去＞をクリックして、

4 ＜自動マスク＞をクリックしてオンにします。

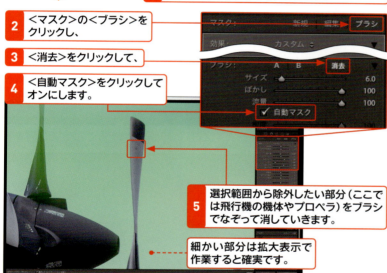

5 選択範囲から除外したい部分（ここでは飛行機の機体やプロペラ）をブラシでなぞって消していきます。

細かい部分は拡大表示で作業すると確実です。

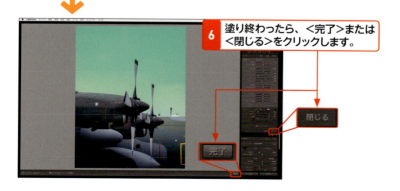

6 塗り終わったら、＜完了＞または＜閉じる＞をクリックします。

MEMO

フィルターブラシのオプション

ブラシ：2種類のブラシ（AとB）を使い分けられます。

消去：塗りすぎた部分を修正します。

サイズ：ブラシの直径です。マウスのホイール操作でサイズを変えられます。

ぼかし：ブラシのエッジ部分の処理です。数値を低くすると選択範囲の輪郭がはっきりし、高くすると輪郭がなだらかにぼけます。

流量：ブラシの強弱を調整する項目です。数値を低くすると塗りが薄くなります。

自動マスク：同系色の部分以外にはみ出さないようにします。

密度：＜流量＞同様、ブラシの強弱を調整する項目です。＜流量＞は低くても重ね塗りで濃くできるのに対し、低い＜密度＞では重ねても濃くなりすぎないのが違いです。

HINT

選択範囲を確認する方法

範囲選択が正確に行えたかどうかを確認したいときは、＜露光量＞などのスライダーをめいっぱい左右に振って、明るさが変化するかどうかを観察します。塗り忘れ、消し忘れがないかどうか確認してから、＜完了＞または＜閉じる＞をクリックします。

Section 62 補正ブラシで部分的に色調を変えてみよう

`CC` `RAW` `Classic` `JPEG` 補正ブラシ／自動マスク

段階フィルターや円形フィルターでは対応しきれない、**複雑な形状の選択範囲**を作成できる機能が**補正ブラシ**です。ブラシで色を塗るようにして選択した範囲だけにさまざまな補正を追加できるツールです。

Before / After

手前のバラだけを選択して、

色味と明るさを変えました。

1 補正ブラシで塗りつぶして選択した部分を補正する

あらかじめ＜ホワイトバランス＞や＜露光量＞などを補正しています。

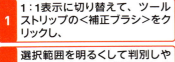

1　1：1表示に切り替えて、ツールストリップの＜補正ブラシ＞をクリックし、

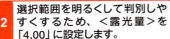

2　選択範囲を明るくして判別しやすくするため、＜露光量＞を「4.00」に設定します。

MEMO

補正ブラシ

「補正ブラシ」は、段階フィルターや円形フィルターと同じく範囲選択ツールの1つで、ブラシで塗りつぶす要領で自由な形状の選択範囲が作れます。Lightroom CCの「ブラシ」も同じ機能ですが、Lightroom Classic CCの補正ブラシのような細かいオプション設定はありません。

3 ＜ブラシA＞をクリックして、

4 ＜サイズ＞は「8.0」に設定し、

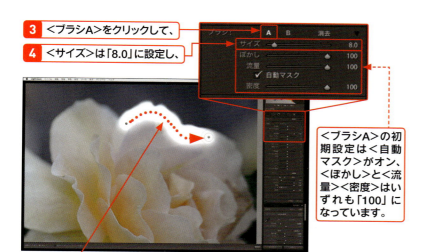

＜ブラシA＞の初期設定は＜自動マスク＞がオン、＜ぼかし＞と＜流量＞＜密度＞はいずれも「100」になっています。

5 選択したい部分の端の部分からマウスでドラッグして塗りつぶしていきます。

6 ＜色温度＞を「71」に、＜色かぶり補正＞を「-67」に、＜露光量＞を「0.32」に、＜シャドウ＞を「18」に、＜彩度＞を「58」に設定します。

7 ＜完了＞または＜閉じる＞をクリックします。

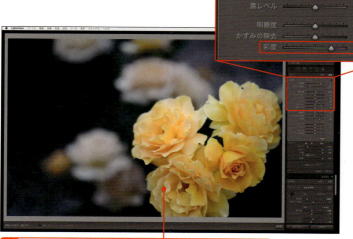

8 手前のバラの花だけが黄色く、少し明るくなりました。

HINT

2つのブラシの使い分け

初期設定では＜ブラシA＞は＜ぼかし＞あり・＜自動マスク＞がオン、＜ブラシB＞は＜ぼかし＞なし・＜自動マスク＞がオフになっています。複雑な形状の選択範囲を作成したい場合、輪郭部分を＜ブラシA＞で作成してから、＜ブラシB＞で内側の部分を塗りつぶすようにすると効率的です。[/]を押すと＜ブラシA＞と＜ブラシB＞を切り替えられます。はみ出してしまった部分は＜消去ブラシ＞で消します。

HINT

ぼかしと自動マスク

下の画像は＜ぼかし＞と＜自動マスク＞の組み合わせを変えてドラッグ操作を行ったもので、「ぼかし：100」では、選択範囲のエッジ部分がなだらかにぼけています。「ぼかし：0」では、エッジのシャープな範囲選択が可能です。「自動マスク：オン」のときは、エッジ部分からブラシの塗りがはみ出ず、オフのときは塗った部分すべてが選択されます。

ぼかし：100／自動マスク：オン

ぼかし：100／自動マスク：オフ

ぼかし：0／自動マスク：オン

ぼかし：0／自動マスク：オフ

Section 63 範囲マスクの使い方を覚えよう

CC / Classic / RAW / JPEG　範囲マスク　輝度

範囲マスクでは、補正ブラシなどと組み合わせて、**さらに細かく範囲を選択**することができます。範囲マスクを使うことで、選択範囲の中の特定の明るさや色の部分だけを補正することが可能になりました。

Before／After

黄色く染まった草の部分だけを、　明るく鮮やかに補正します。

1 補正ブラシで補正したい範囲を塗りつぶす

あらかじめ、<シャドウ>を「−51」に、<黒レベル>を「−16」に、効果パネルの<切り抜き後の周辺光量補正>の<適用量>を「−14」に、それぞれ設定しています。

1. ツールストリップの<補正ブラシ>をクリックし、
2. <露光量>を「+4.00」にします。

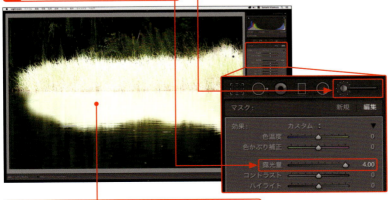

3. 草の部分と水面に反射した部分を塗りつぶします。

NEW

範囲マスク

「範囲マスク」は、「段階フィルター」「円形フィルター」「補正ブラシ」と併用するツールで、選択した範囲の中の特定の明るさの部分または特定の色の部分にだけ補正を加えることができます。部分的に髪がかかった人物の顔の肌の部分だけを補正したいときなど、従来は入り組んだ選択範囲を作成しなくてはなりませんでしたが、肌の明るさや色を指定することで、すばやくかつ的確に範囲選択が行えるようになりました。

2 範囲マスクで指定した明るさの部分だけを補正する

1 ドロワー内の＜色温度＞を「20」に、＜露光量＞を「0.30」に、＜彩度＞を「13」に設定します。

2 ＜範囲マスク＞の＜オフ＞をクリックして、表示されるメニューから＜輝度＞を選び、

3 ＜範囲＞の数値を「70/100」に、

4 ＜滑らかさ＞を「20」に設定します。

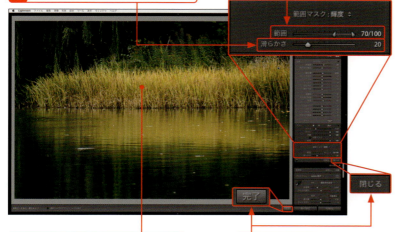

5 黄色く染まった草の部分だけが少し明るく、色が濃くなりました。

6 ＜完了＞または＜閉じる＞をクリックします。

MEMO
範囲マスクの輝度のオプション

＜範囲マスク＞で＜輝度＞を選択した場合、下部には＜範囲＞と＜滑らかさ＞のスライダーが表示されます。＜範囲＞は2つのスライダーで効果をおよぼす明るさの範囲を指定します。ここでは「70/100」にしていますが、これは「70%から100%の明るさの部分だけを指定している」ことを意味します。＜滑らかさ＞は＜輝度＞で指定した範囲の周囲に与える影響を左右する項目で、数値を低くすると選択範囲のエッジがシャープになります。なお、[Alt]（Macでは[option]）を押しながらスライダーをドラッグすると、画面が一時的に白黒になり、範囲マスクで選択された部分が把握しやすくなります。

範囲：0/100

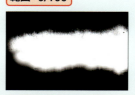

＜範囲マスク＞が＜オフ＞の状態と同じです。

範囲：70/100　滑らかさ：50

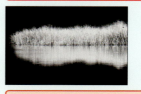

範囲：70/100　滑らかさ：20

範囲マスクで特定の色の部分だけを補正しよう

範囲マスク｜カラー

範囲マスクには輝度のほかに**カラー**があり、**特定の色の部分だけを補正**することが可能です。ここでは、白熱灯の光が当たっている部分だけ色味と明るさを補正して、雰囲気を変えてみました。

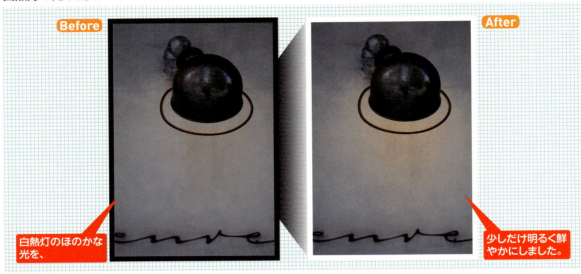

白熱灯のほのかな光を、

少しだけ明るく鮮やかにしました。

1 範囲マスクで光が当たっている部分だけ補正する

あらかじめ＜ホワイトバランス＞や＜露光量＞などを補正しています。

1 ツールストリップの＜段階フィルター＞をクリックし、

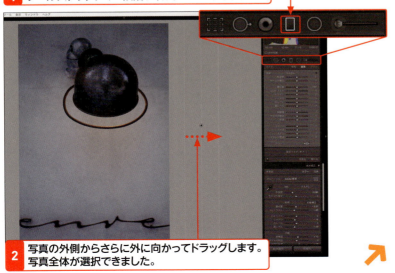

2 写真の外側からさらに外に向かってドラッグします。写真全体が選択できました。

MEMO

カラーのオプション

＜範囲マスク＞で＜カラー＞を選択した場合、下部には＜適用量＞のスライダーが表示されます。初期設定は「50」で、数値を増やすと効果がおよぶ範囲が広くなり、減らすと効果がおよぶ範囲が狭くなります。

適用量：100

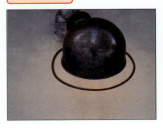

3 ＜範囲マスク＞の＜オフ＞をクリックして、表示されたメニューから＜カラー＞をクリックします。

4 ＜色域セレクター＞をクリックして、

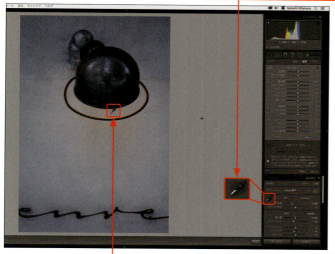

5 変化させたい色の部分をクリックして選択します。

6 ＜色温度＞を「31」に、＜露光量＞を「0.19」に設定します。

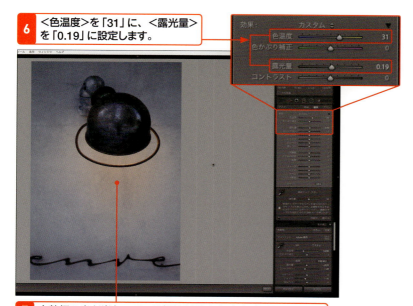

7 白熱灯の光が当たっている部分が明るく、色が濃くなりました。

HINT

選択する色の追加と削除

＜範囲マスク＞の＜カラー＞で補正の対象となる色を追加するには、＜色域セレクター＞を選択した状態で Shift を押しながら追加したい色の部分をクリックします。選択した部分には、小さな が表示され、最大5か所まで指定できます。指定した色の部分を選択から解除するには、画面上の小さな にマウスカーソルを重ねた状態で Alt （Mac では option ）を押しながらクリックします。

2色を選択した状態

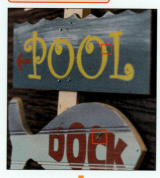

「DOCK」の文字の部分をクリックして赤を追加しました。

64 範囲マスクで特定の色の部分だけを補正しよう

4 Lightroomの便利機能を活用しよう

167

Section 65 人物の肌の部分だけを明るく補正しよう

　　　　　　　　　　　　　　　　　　　　CC / Classic　　RAW / JPEG　　補正ブラシ　　範囲マスク

ポートレートで人物の肌を少しだけ明るくし、同時に服の白飛びしかけている部分の階調を引き出す手順を解説します。範囲マスクを使うと、写真の補正がとてもかんたんになるという例をご覧ください。

Before

After

人物の肌と服の部分だけを、　　　　　　　　少ない手数で補正します。

1 消去ブラシを併用して人物の肌だけを補正する

1 ツールストリップの＜補正ブラシ＞をクリックし、

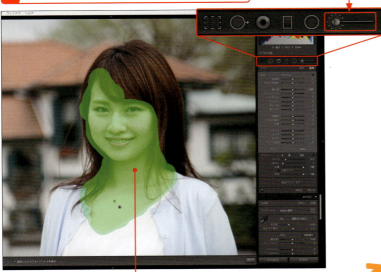

2 人物の肌の部分を塗りつぶします。

HINT

作業時間を短縮できる

人物の肌の範囲選択は、従来はとても手間のかかるものでしたが、新しい「範囲マスク」を使うと、作業がとてもかんたんになります。ヒストリーパネルの内容を見れば、作業工程の少なさがわかると思います。

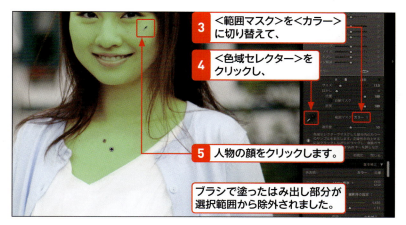

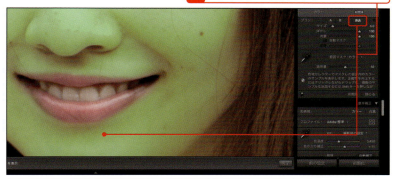

HINT

選択範囲から不要な部分を消去ブラシで除外する

範囲マスクでは除外できなかった口の部分は、「消去ブラシ」を使って選択範囲から除外します。ここでは消去ブラシを選択していますが、Alt（Macではoption）を押して一時的に消去ブラシに切り替えてもかまいません。

HINT

明瞭度で肌を滑らかにする

<明瞭度>はマイナス側に補正することで弱いぼかし効果が得られます。人物の肌の部分にだけ適用することで、肌を滑らかに仕上げられます。あまり強くしすぎると、のっぺりと単調になってしまうので注意してください。

HINT

かすみの除去で白飛びしかけた服の階調を引き出す

本来は遠景のかすみを取りのぞいてクリアな描写にする範囲マスクですが、服の白さをあまり変えずにテクスチャーと明暗を引き出すことで、白飛び状態から回復させることもできます。

Section 66 複数の写真を合成してパノラマ写真を作成しよう

`CC` `Classic` `RAW` `JPEG` `パノラマ` `DNG`

写真1枚の画面におさまりきらない広い範囲を写せるのが、**パノラマ写真**のおもしろさです。Lightroom Classic CCなら、複数の写真をつなぎ合わせてパノラマ写真にするのもかんたんです。

Before カメラを振って撮った5枚の写真を、

After 横長のパノラマ写真に仕上げます。

1 選択した写真をパノラマ合成する

1 ライブラリモジュールの<グリッド>表示で、つなぎ合わせる写真を選択し、

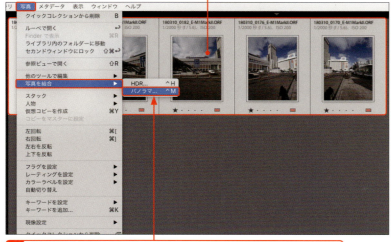

2 <写真>メニューの<写真を結合>→<パノラマ>をクリックします。

MEMO

パノラマ結合

「パノラマ結合」は、複数の写真をつなぎ合わせて横長または縦長の写真を作成する機能です。以前はPhotoshopを利用する必要がありました。作成されたパノラマ写真は、DNG (Digital Negative) 形式 (Adobeの標準RAW形式) で保存されるので、画質の劣化を気にせずに補正が行えます。なお、Lightroom CCには<パノラマ結合>は装備されていません。

170

3 ＜パノラマ結合プレビュー＞が表示されます。

4 ＜パノラマオプション＞で投影法を選択（ここでは＜円筒法＞を選択）します。

合成後の余白部分をカットしたい場合は＜自動切り抜き＞をクリックしてオンにします（ここではカットせずに進めます）。

5 ＜結合＞をクリックします。

6 つなぎ合わされたパノラマ写真がDNG形式で保存されます。

以降はほかの写真と同様に、現像モジュールで＜ホワイトバランス＞や＜露光量＞などを補正し、＜切り抜き＞ツールで余白をカットして仕上げます。

HINT

三脚を使ってマニュアル露出で撮る

素材となる写真を撮影する際は、しっかりした三脚をきちんと水平にセッティングし、カメラを横方向または縦方向に動かしながら複数枚撮影します。三脚を使えば安定したフレーミングで撮れますし、マニュアル露出なら露出が不揃いになるのを避けられます。

STEPUP

パノラマ結合時の投影法

パノラマ結合時の投影法は、「球面法」「円筒法」「遠近法」の3種類があります。横長のパノラマ写真では、通常は円筒法を選びますが、高い建物などが引き伸ばされるのが不自然に感じられる場合は、球面法を試してみてください。直線のゆがみを避けたいときは遠近法を選びます。

球面法

円筒法

遠近法

複数の写真を合成してパノラマ写真を作成しよう

4 Lightroomの便利機能を活用しよう

171

Section 67 露出違いの写真を結合してHDR合成しよう

逆光などの明暗の差がとても大きい条件で、露出違いの写真を合成して白飛びや黒つぶれを減らす技法を**HDR合成**と言います。Lightroom Classic CCでは、かんたんな操作でHDR合成が可能です。

Before：露出を変えて撮った5枚の写真を合成して、
After：HDR写真を作成します。

1 選択した写真をHDR合成する

1 ライブラリモジュールの＜グリッド＞表示で、つなぎ合わせる写真を選択し、

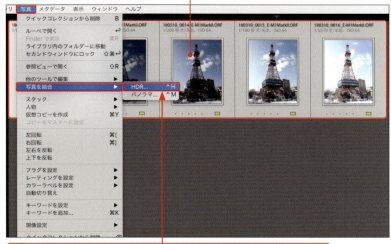

2 ＜写真＞メニューの＜写真を結合＞→＜HDR＞をクリックします。

KEYWORD

HDR

「HDR」は、ハイ・ダイナミック・レンジの略で、露出を変えて撮った複数の写真を合成して、ダイナミックレンジを拡張した写真表現の技法です。ダイナミックレンジが広いほど白飛びや黒つぶれを少なくできます。ただし、わざとらしくなる場合も多いので、ここでは意図的に黒つぶれを作って画面を引き締めるようにしています。

3 ＜HDR結合プレビュー＞が表示されます。

4 ＜自動整列＞をクリックしてオンに、＜自動設定＞をクリックしてオフにします。

5 ＜ゴースト除去量＞を選択（ここでは＜弱＞を選択）しています。

6 ＜結合＞をクリックします。

7 合成されたHDR写真がDNG形式で保存されます。

8 以降はほかの写真と同様に、現像モジュールで＜ホワイトバランス＞や＜露光量＞などを補正して仕上げます。

自動設定

初期状態では＜自動設定＞オプションがオンになっており、基本補正パネルの全項目が自動的に補正されます。予想した仕上がりと異なる場合もあるので、通常はオフにすることをおすすめします。＜結合＞後に現像モジュールで＜自動補正＞をクリックしてもほぼ同等の仕上がりになります。

画像情報について

合成されたDNG形式の写真には、結合した画像の情報が保存されます（ファイルサイズは大きくなります）。そのおかげで、＜露光量＞の補正範囲が「±10.00」に拡大するなど、高度な画質調整が可能となります。

ゴースト除去

風で揺れる木の枝や雲などが動くことで、合成時にズレて写ってしまうことがあります。これを軽減できるのが「ゴースト除去」機能です。Lightroom Classic CCでは、効果を＜弱＞＜中＞＜強＞から選択できます。＜ゴースト除去オーバーレイを表示＞をクリックしてオンにすると、画面のどの部分でゴースト除去が行われているかを確認できます。

ゴースト除去：弱　ゴースト除去：オフ

Section 68 スポット修正の修復ブラシでゴミを消そう

CC / Classic / RAW / JPEG　スポット修正　修復ブラシ

花壇の花の花びらに細かい砂粒や糸くずが付着していたり、撮像センサーに付着したゴミが写り込むことがあります。そんなときに頼りになるのがLightroomの**スポット修正ツール**です。

Before：花びらに付着した小さなゴミを、
After：かんたん操作できれいに消せます。

1 修復ブラシを使ってゴミやホコリを消す

1. 現像モジュールで1:1表示にし、
2. ツールストリップの＜スポット修正＞をクリックして、
3. ＜ブラシ＞の＜修復＞をクリックします。

MEMO
ぼかし
初期設定では＜ぼかし＞は「0」に設定されていますが、修正した部分のエッジが周囲となじみやすくなるように「50」程度に設定しておくのがおすすめです。

HINT
ブラシサイズの変更
ブラシの＜サイズ＞はマウスのホイール操作や[[ ][ ]]を押すことで変更できます。

4 <ぼかし>を「50」に設定し、

5 消したいゴミの大きさに合わせて<サイズ>を設定（ここでは「28」に設定）します。

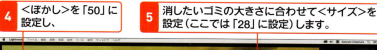

6 糸くずをなぞるようにマウスでドラッグします。

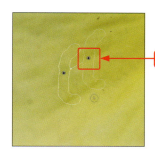

7 ドラッグが終了すると、糸くずが消えます。

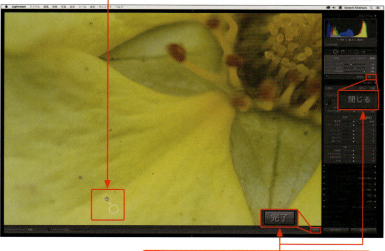

8 小さなホコリはクリックすることで消せます。

9 <完了>または<閉じる>をクリックします。

MEMO

コピースタンプと修復ブラシ

スポット修正には、「コピースタンプ」と「修復」の2種類のブラシがあります。前者は写真内の似た部分を複製して使用するため、色味や明るさなどが若干異なることがあります。後者は色味や明るさなどが揃うように調整されるので、修正後の違和感はずっと少なくなります。

コピースタンプ　　修復ブラシ

HINT

スポット修正ドロワーの内容

ブラシ：スポット修正の方式を<コピースタンプ>または<修復>から選びます。通常は、修正が目立ちにくい<修復>を使用します。

サイズ：修正する範囲の円の直径を設定します。通常、消したいゴミなどより少し大きめにします。

ぼかし：修正範囲のエッジ部分をソフトにする度合いを設定します。通常は「50」程度にします。

不透明度：効果の強さを設定します。ゴミなどを消す際は「100」でかまいませんが、ホクロなどが目立つのを軽減したいときは、数値を下げて効果を弱めます。

Section 69 Photoshopと連携して作業しよう

外部編集 / Photoshop

プロ御用達の画像処理ソフトとして知られるPhotoshopには、Lightroomには搭載されていない機能がたくさんあります。ここでは、**Photoshopと連携**して作業を行う際の手順を紹介します。

Before

カメラの傾きに気づかずに撮った写真を、

After

画面を狭くせずに回転させます。

1 環境設定で外部編集についての設定を行う

1 ＜編集＞メニュー→＜環境設定＞をクリックします（Macでは＜Lightroom＞メニュー→＜環境設定＞）。

2 ＜外部編集＞タブをクリックして、

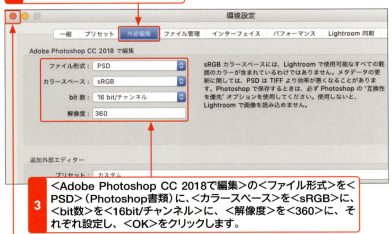

3 ＜Adobe Photoshop CC 2018で編集＞の＜ファイル形式＞を＜PSD＞（Photoshop書類）に、＜カラースペース＞を＜sRGB＞に、＜bit数＞を＜16bit/チャンネル＞に、＜解像度＞を＜360＞に、それぞれ設定し、＜OK＞をクリックします。

4 ＜閉じる＞をクリックして閉じます。

KEYWORD

外部編集ツール

「外部編集ツール」とは、Lightroom以外の画像処理ソフトウェアのことで、Lightroomにない機能を利用できるのがメリットです。アドビシステムズの画像処理ソフトウェアがインストールされていると、自動的に外部編集ツールとして登録されます。今のところ、Lightroomには「ぼかし」や「レイヤー」機能はなく、複数の写真を合成したいときなどには、Photoshopのような外部編集ツールの力を借りる必要があります。

2 コンテンツに応じるオプションを使ってトリミングする

1 現像モジュールで写真を表示して、＜写真＞メニューをクリックし、

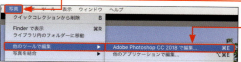

2 ＜他のツールで編集＞→＜Adobe Photoshop CC 2018で編集＞をクリックします。

3 Photoshopの書類ウィンドウを広げて、＜ツール＞パネルから＜切り抜きツール＞をクリックします。

4 画面四隅の少し外側にマウスカーソルを置くと、マウスカーソルが に変わります。その状態でドラッグすると写真が回転します。

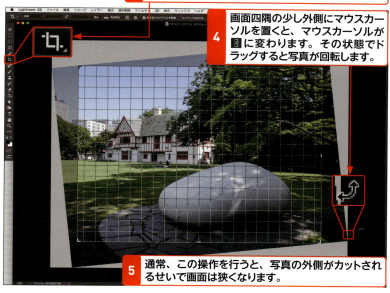

5 通常、この操作を行うと、写真の外側がカットされるせいで画面は狭くなります。

6 画面上部の＜オプション＞パネルの をクリックするか、Esc を押して操作をキャンセルします。

7 ＜オプション＞パネルの＜コンテンツに応じる＞をクリックしてオンにします。

8 手順4と同様に、写真の外側をドラッグします。余白がある状態のまま写真が回転します。

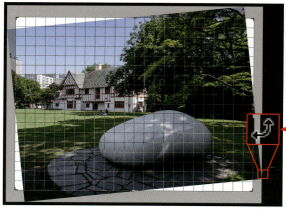

HINT
外部編集のショートカット

キーボードから操作するには、＜Adobe Photoshop CC 2018で編集＞は Ctrl（Macでは command）+ E、＜他のアプリケーションで編集＞は Ctrl + Alt（Macでは command + option）+ E を押します。

KEYWORD
外部編集の設定

＜環境設定＞の＜外部編集＞タブでは、外部編集ツールに受け渡すファイルの形式や色空間などを設定します。初期設定の＜ファイル形式＞は＜TIFF＞ですが、ファイルサイズが大きくなりがちなこともあるので、通常は＜PSD＞をおすすめします。なお、＜TIFF＞選択時のみ、＜圧縮＞オプションが表示されます（＜ZIP＞を選ぶとファイルサイズが小さくなりますが、互換性はやや低下します）。＜カラースペース＞は色再現の面では＜ProPhoto RGB＞が有利ですが、通常は使用目的などに合わせて選択します。＜bit数＞はPhotoshopでの編集や、そのあとLightroomで補正を行う場合は＜16bit/チャンネル＞を選びます。＜解像度＞はお使いのプリンターや用途などに合わせて設定します。なお、手順2では＜Adobe Photoshop CC 2018で編集＞を選択していますが、Photoshopのバージョンによっては表示される名称は異なります。

9 ＜オプション＞パネルの をクリックするか、写真上をダブルクリックします。

⬇

10 ＜塗りつぶし＞の＜進行状況＞が表示されたあと、

11 余白部分にコンテンツに応じた塗りつぶしが適用され、傾きが補正された写真になります。

⬇

12 ＜ファイル＞メニューから＜保存＞をクリックします。

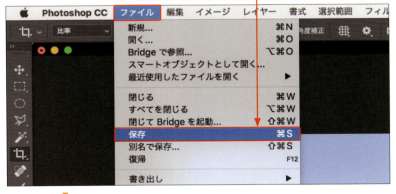

⬇

13 保存が終わると、ファイル名が変更されます。

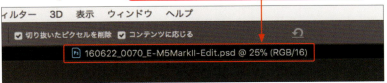

ファイル形式で異なる写真の開き方

Photoshop が対応する RAW の場合は RAW のまま、対応していない場合は TIFF または PSD 形式のファイルが作成され、ファイル名に「-Edit」が付加されてから Photoshop に受け渡されます。TIFF や JPEG、PSD 形式の場合は、以下の画面が表示され、元画像をそのまま、またはコピーが Photoshop に受け渡されます。

異なるファイル形式で保存する

Lightroom Classic CC の環境設定で指定した以外のファイル形式で保存したいときは、Photoshop で＜保存＞ではなく、＜別名で保存＞を選びます。

コンテンツに応じた塗りつぶし

Photoshop の切り抜きツールで写真を回転させた際にできる空白部分は、従来はトリミングするしかありませんでした。＜コンテンツに応じる＞をクリックしてオンにすると、Photoshop 写真の内容に合わせて不自然にならないように空白部分を Photoshop が埋めてくれます。

---

4 Lightroom の便利機能を活用しよう

178

3 必要に応じてLightroomで補正する

1 Lightroom Classic CCに戻ります。

2 現像モジュールで、Photoshopで編集した写真が表示されます。

3 1:1表示で見ると、画面上部に少し葉っぱの緑があらわれています。

4 ＜ツールストリップ＞の＜切り抜き＞ツールをクリックし、

5 画面上部の＜切り抜き＞ハンドルをドラッグして、少しだけトリミングします。

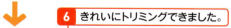

6 きれいにトリミングできました。

HINT

レイヤーが利用できる

Photoshopでは「レイヤー」が扱えます。レイヤーは複数の画像を重ね合わせた構造で、部分的に半透明にしたり、切り抜いたりすることで、下にある画像と合成することができます。これを利用して多重露光のような効果を出したり、写真に文字をアレンジしたりといった操作が容易に行えます。

レイヤーを使って望遠レンズで撮った月を夜景の写真に合成しています。

HINT

Photoshopだけの機能

LightroomになくてPhotoshopにはある機能はほかにもいろいろあります。写真の一部をぼかしてミニチュア的な風景に加工したり、被写体の大きさを変えたり形状をゆがめたりといった操作が可能です。また、範囲選択のためのツールも多彩ですし、部分的に色を変えるのもかんたんです。

179

Section 70 カメラをパソコンにつないで撮影しよう

`CC` `RAW` テザー撮影
`Classic` `JPEG` 自動読み込み

カメラをパソコンにつないで撮影することを**テザー撮影**と言います。Lightroom Classic CCが対応していないカメラを使う場合は、**リモコン撮影用ソフト**と**自動読み込み機能**を利用します。

1 自動読み込みのための設定を行う

1 ＜ファイル＞メニューの＜自動読み込み＞→＜自動読み込み設定＞をクリックし、

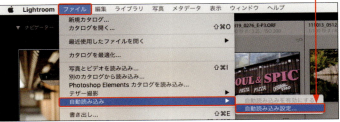

2 「自動読み込み設定」画面が表示されます。

3 ＜自動読み込みを有効にする＞をクリックしてオンにします。

4 ＜監視フォルダー＞の＜選択＞をクリックします。

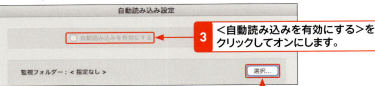

5 表示された画面で、監視対象とするフォルダーを選択して（ここでは＜読み込み専用＞フォルダーを選択）、

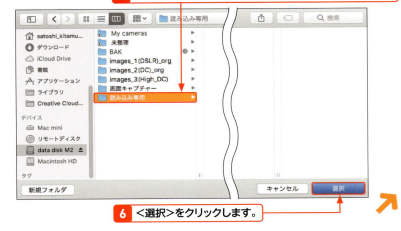

6 ＜選択＞をクリックします。

KEYWORD

テザー撮影

「テザー撮影」とは、カメラをUSBやLANケーブルでパソコンにつないだり、Wi-Fi機能を利用して接続した状態で撮影を行うことです。撮った写真はパソコンに転送され、パソコンの大きな画面で確認できます。撮影した写真を見ながら構図やライティングなどを調整したり、撮ったその場で人に見せたいときなどに便利です。

MEMO

自動読み込みと監視フォルダー

Lightroom Classic CCのテザー撮影に対応していないカメラの場合は、自動読み込みを利用します。この機能は、指定した＜監視フォルダー＞に写真が追加されると、その写真を自動的にカタログに読み込むようになっています。ただし、お使いのカメラがパソコンからのリモート撮影に対応していて、かつ専用のソフトウェアがパソコンにインストールされている必要があります。なお、＜監視フォルダー＞は空のフォルダーを指定する必要があります。

7 続いて「自動読み込み設定」画面の＜保存先＞の＜選択＞をクリックして、

8 テザー撮影した画像を保存するフォルダーを選択し（ここでは＜images_1(DSLR)_org＞フォルダーを選択）、

9 ＜選択＞をクリックします。

10 再度、「自動読み込み設定」画面に戻り、＜サブフォルダー名＞の＜自動読み込み写真＞の前に半角スペースを挿入します。

11 ＜OK＞をクリックします。

HINT

テザー撮影が可能なカメラ

Lightroom Classic CCでテザー撮影が可能なカメラは、キヤノン、ニコン、ライカの一部機種に限られます。詳しくは、https://helpx.adobe.com/lightroom/kb/tethered-camera-support.htmlを参照してください。

HINT

フォルダー名の先頭に半角スペースを加える理由

Lightroom Classic CCのフォルダーパネル内のフォルダーは50音順に並びます。そのため、フォルダーの名称の先頭に半角スペースを付け加えることで、リストの上位に表示させることが可能です。

2 カメラのリモート撮影用ソフトウェアで撮影する

1 USBケーブルなどでカメラをパソコンに接続し、電源をオンにします。

2 使用するカメラに対応するリモート撮影用ソフトウェアを起動します。

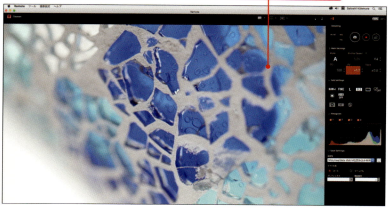

MEMO

カメラの電源について

カメラをパソコンに接続する際は、原則としてカメラの電源スイッチを切った状態で行ってください。きちんと接続されていることを確認してから電源をオンにします。なお、USB接続時のカメラのモードの選択や、Wi-Fi接続の設定などについては、お使いのカメラの使用説明書などで確認してください。

3 ＜読み込み専用＞フォルダーに写真を保存するよう設定し、

4 カメラまたはリモコン撮影用ソフトのシャッターボタンを押します。

5 ＜読み込み専用＞フォルダー内の写真が＜自動読み込み写真＞フォルダーに移動され、フォルダーパネル内に追加されます。

6 ライブラリモジュールの＜グリッド＞表示画面に表示されます。

現像設定の適用

「自動読み込み設定」画面下部にある＜情報＞の＜現像設定＞に任意の＜プリセット＞を指定しておくと、読み込み時に自動的にその＜プリセット＞が適用されます。たとえば、読み込む写真すべてに＜プロファイル補正＞や＜色収差を除去＞を適用したいときなどに利用すると便利です。

7 ＜ルーペ＞表示に切り替えることで、写真を大きく見られます。

8 シャッターボタンを押して撮影すると、＜自動読み込み写真＞フォルダーに、自動的に追加されます。

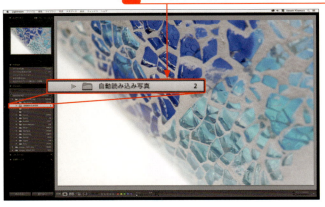

リモートライブビュー撮影

カメラのライブビュー映像を、接続したパソコンの画面に表示しながら撮影するテザー撮影の一種で、最近は多くのカメラがこの機能に対応しています。カメラの操作だけのLightroom Classic CCのテザー撮影と違って、パソコン側から露出などを細かくコントロールできるのが強みです。ここではソニーの「Remote」というソフトウェアを使用しています。

9 必要に応じて1：1表示に切り替えて、ピントなどを確認できます。

タブレット端末を利用する

撮影した写真を大きな画面で見ることが目的であれば、使用するカメラに対応したアプリをインストールしたタブレット端末を利用したり、HDMIケーブルで家庭用テレビに接続するなどの方法もあります。詳しくは、カメラの使用説明書などを参照してください。

第5章

写真管理の仕方を知ろう

Section

71 フラグを使って写真をセレクトしよう

72 写真を比較して絞り込もう

73 レーティングを使って写真を分類しよう

74 フィルター機能で表示する写真を絞り込もう

75 選別した写真をコレクションで管理しよう

76 ファイル名を変更して効率よく管理しよう

77 写真にキーワードを付けて探しやすくしよう

78 Lightroom CCで写真を検索しよう

79 スマートコレクションを使って自動で整理しよう

80 GPSのログデータで写真に位置情報を追加しよう

81 ライブラリフィルターを使って写真を探そう

Section 71 フラグを使って写真をセレクトしよう

CC Classic / RAW JPEG / 除外フラグ 採用フラグ

撮影した写真をカタログに読み込んだら、ピンボケや手ブレ、露出オーバー、アンダーといった**失敗写真**を**削除**します。ここでは**除外フラグ**を使って不要な写真を選別する方法を紹介します。

1 不要な写真に除外フラグを付ける

1 ライブラリモジュールの＜ルーペ＞表示でピンボケや手ブレなどの失敗写真を見つけたら、

2 ツールバーの＜除外に指定する＞をクリックします。

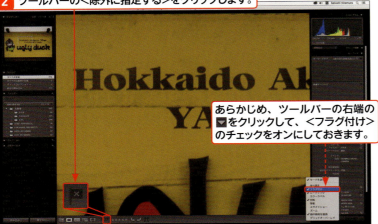

あらかじめ、ツールバーの右端のをクリックして、＜フラグ付け＞のチェックをオンにしておきます。

3 ほかの写真についても、手順 1、2 の作業を行って、

4 不要な写真すべてに＜除外フラグ＞を付けます。

5 グリッド表示に切り替えて確認します。

MEMO フラグの付け方

＜除外に指定する＞または＜採用フラグを立てる＞をクリックすると、選択している写真に黒（除外フラグ）または白（採用フラグ）の旗のマークが付けられます。1枚の写真に付けられるフラグはどちらか一方だけで、除外フラグを付けた写真に採用フラグを付けると、自動的に除外フラグははずれます。付けたフラグをはずしたいときは、付いているのと同じフラグをクリックします。

採用フラグ / 除外フラグ

MEMO 除外フラグ付きの写真の確認

除外フラグを付けた写真は不要なものとして扱われ、グリッド表示では、左の画面のようにグレーのマスク付きで表示されます。除外フラグを付けた写真のサムネールを確認したいときは、クリックして選択した状態にします。

2 除外フラグを付けた写真をまとめて削除する

除外フラグを付けた写真を削除します。

1 ＜写真＞メニューをクリックして、

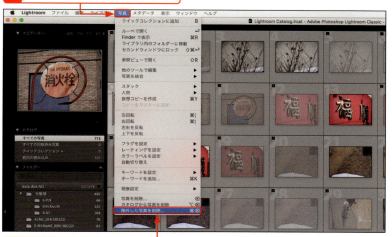

2 ＜除外した写真を削除＞をクリックします。

3 表示された画面で、＜除去＞または＜ディスクから削除＞をクリックします。

4 ＜除外フラグ＞を付けた写真が削除されました。

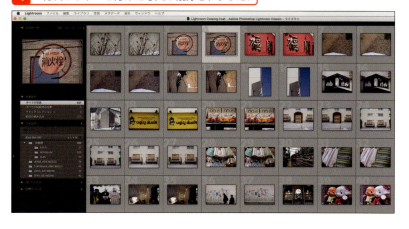

HINT

採用フラグの使い方

撮った写真をざっと見るだけの「粗選び」の段階でも、「この写真はキープ」と感じたときは採用フラグを付けておきましょう。あとで細かくチェックする際にも見落とす心配が減らせます。

MEMO

フラグのショートカット

選択している写真に採用フラグを付けるにはQを、除外フラグを付けるにはXを、フラグをはずすにはUを押します。また、フラグのレベルを上げ下げするには、Ctrl（Macではcommand）+↑または↓を押します。

HINT

写真の削除

写真を削除する画面で＜除去＞をクリックすると、写真はLightroomのカタログからは消えますが、画像ファイル自体はパソコンのストレージに残ります。＜ディスクから削除＞をクリックすると、カタログから削除して画像ファイルをゴミ箱に移動します。

STEPUP

クイックコレクション

「クイックコレクション」は、一時的に写真を集めておくための疑似フォルダーで、Bを押すと選択した写真をクイックコレクションに追加したり、削除したりできます。写真の粗選びに利用すると便利です。

Section 72 写真を比較して絞り込もう

`CC` `RAW` 選別表示
`Classic` `JPEG` レーティング

おおまかに粗選びを済ませたら、露出違いや構図違いの写真の**取捨選択**を行います。こういうときは、複数の写真を並べて比較できる**選別表示**と**フラグ**や**レーティング**を組み合わせて作業します。

1 露出違いなどの複数の写真から1枚を選択する

複数の写真を選択するために、ライブラリモジュールのグリッド表示で作業を行います。

1 露出違いの3枚の写真を選択し、

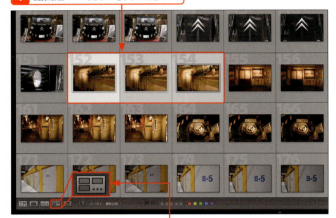

2 ツールバーの＜選別表示＞をクリックします。

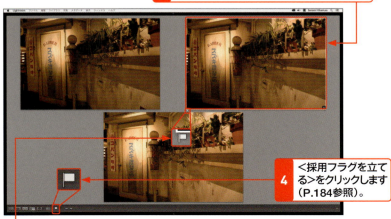

3 3枚の中でもっとも露出のよい1枚を選び、

4 ＜採用フラグを立てる＞をクリックします（P.184参照）。

5 採用フラグが点灯します。

6 同じ手順を繰り返してほかの写真にも採用フラグを付けます。

MEMO

複数の写真を選択する

グリッド表示で複数の写真を選択するには、Ctrl（Macではcommand）を押しながら写真をクリックします。1枚の写真を選択した状態で、Shiftを押しながら別の写真をクリックすると、その間の写真もまとめて選択できます。再度、Ctrlまたはcommandを押しながらクリックすると、選択を解除できます。

HINT

1枚の写真を大きくして見たいとき

選別表示中の写真のうちの1枚を大きく表示したいときは、ルーペ表示に切り替えるか、Fを押してフルスクリーン表示に切り替えます。選別表示に戻るには、ツールバーの＜選別表示＞をクリックするか、再度Fを押します。

MEMO

表示のショートカットキー

ライブラリモジュールでの表示モードを切り替えるショートカットキーは、グリッド表示がG、ルーペ表示がE、比較表示がC、選別表示がNです。

2 構図などが異なる写真をさらに絞り込む

1 ＜編集＞メニューから＜フラグで選択＞→＜フラグ付き＞をクリックします。

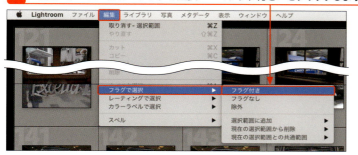

2 ツールバーの＜選別表示＞をクリックし、

3 不要な写真の右下の×をクリックして除外します。個々の写真の×やフラグは、写真にマウスカーソルを重ねたときにだけ表示されます。

4 手順3の操作を繰り返して、残したい写真だけが表示されている状態にします。

5 Ctrlを押しながら（Macではcommand）写真を選択して、

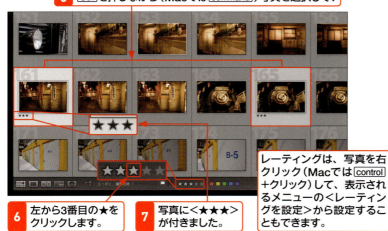

6 左から3番目の★をクリックします。

7 写真に＜★★★＞が付きました。

レーティングは、写真を右クリック（Macではcontrol＋クリック）して、表示されるメニューの＜レーティングを設定＞から設定することもできます。

MEMO
選別表示での写真の選択

選別表示から除外した写真を戻すには、＜編集＞メニューから＜取り消す-写真を選択解除＞（Windowsでは＜「写真を選択解除」を取り消し＞）をクリックします。新たに＜選別表示＞に写真を加えるには、＜フィルムストリップ＞のサムネールを、Ctrl（Macではcommand）を押しながらクリックします。

STEPUP
比較表示

2枚の写真を詳細にチェックしたいときは、拡大表示も可能な比較表示が便利です。

MEMO
選択解除しても写真は消えない

選別表示で選択を解除した写真は画面から消えますが、カタログから削除されるわけではありません。

HINT
フラグ付きの写真だけを表示する

採用フラグが付いた写真だけを表示させたい場合、フィルムストリップの＜フラグでフィルター＞をクリックします。

Section 73 レーティングを使って写真を分類しよう

CC Classic | RAW JPEG | レーティング カラーラベル

レーティングは、お気に入りの度合いなどに応じて写真に**マーキング**できる機能です。色による分類が可能なカラーラベルと同様に、写真の**整理**や**検索**などを容易にしてくれるツールです。

1 お気に入りの写真に★印を付ける

1. ライブラリまたは現像モジュールで表示している写真に、
2. ツールバーの＜レーティング＞をクリックして（ここでは4番目の★）、

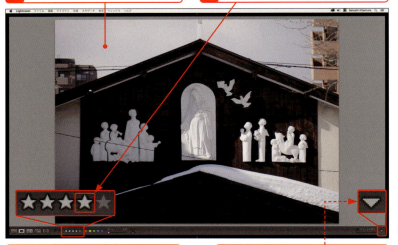

3. 任意の数の★印を付けます。手順1から3を繰り返して写真に★を付けます。

あらかじめ▼をクリックして＜レーティング＞をクリックし、ツールバーに表示しておきます。

KEYWORD

レーティング

「レーティング」は、評価、あるいは等級といった意味合いで、お気に入りの度合いなどに合わせて「★」から「★★★★★」でマーキングする機能です。Lightroomではツールバーのクリックや、[0]〜[5]を押すことで任意の数の★印を付けられます。また、[[ ]]で★の数を増減できます。

2 付けた★の数に合わせて写真を選択する

1. ライブラリモジュールのグリッド表示で、
2. ＜編集＞メニュー→＜レーティングで選択＞をクリックし、

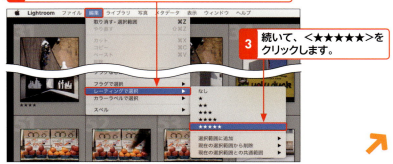

3. 続いて、＜★★★★★＞をクリックします。

HINT

まとめてレーティングを設定する

グリッド表示で複数の写真を選択した状態では、まとめてレーティングを付けたり、★の数を変えることができます。たとえば、「★★」の写真をまとめて「★★★」に変更したいときなどに便利です。

4 5つの★印が付いた写真がすべて選択されます。

5 <編集>メニュー→<レーティングで選択>→<選択範囲に追加>をクリックして、

6 <★★★★>をクリックします。

7 選択した写真に4つの★印が付いた写真も追加されます。

8 ツールバーの<選別表示>をクリックすると、

9 選択した写真を一覧できます。

HINT

ほかのソフトとの互換性について

レーティングはほかの多くの画像閲覧ソフト、RAW現像ソフトとも互換性があり、カメラメーカーの純正ソフトで付けた★印が、Lightroomにも反映されます。写真の選別にはほかのソフトを使って、現像や管理だけをLightroomで行いたい場合などに便利です。

MEMO

選択後の応用

左の手順**8**で選別表示に切り替えましたが、選択した写真をまとめて処理できるので、複数の写真を一括でプリントしたり、コレクションに入れたりなど、さまざまに応用できます。

HINT

カラーラベル

写真に色の札を付けられる「カラーラベル」も分類・整理に役立つツールです。操作の方法はレーティングと同じで、<レッド><イエロー><グリーン><ブルー>には[6]〜[9]のショートカットキーが割り当てられています（<パープル>と<なし>にはありません）。なお、Lightroom CCには搭載されていません。また、ほかの画像閲覧ソフトなどとの互換性はあまり高くないので注意してください。

レーティングを使って写真を分類しよう

5 写真管理の仕方を知ろう

Section 74 フィルター機能で表示する写真を絞り込もう

CC Classic | RAW JPEG | フィルター / フィルムストリップ

写真に付けた**レーティング**や**カラーラベル**、**フラグ**を利用して、表示する写真を絞り込むことができます。たくさんの写真の中から、条件に合った写真を見つけたいときなどに役立ちます。

1 レーティングで表示したい写真を絞り込む

1 フィルムストリップの<フィルター>をクリックして、

2 <ソースフィルター>を表示し、
3 <レーティング>の<★★★>をクリックすると、

4 3つ以上の★印が付いた写真だけが表示されます。

MEMO

ソースフィルター

「ソースフィルター」は、ソース(=カタログ内の写真)の中から効率よく目的の写真を探すための機能で、写真に付けた「フラグ」「編集ステータス」「レーティング」「カラーラベル」を、単独または複数を組み合わせて写真を絞り込みます。

HINT

レーティングの不等号

下図のように、初期設定では❶<指定値以上のレーティング>になっています。をクリックして表示されるメニューから、❷<指定値以下のレーティング>や❸<指定値と一致するレーティング>が選択できます。たとえば、「★★★」が指定値の場合、★印の数が、❶では3〜5つ、❷では0〜3つ、❸では3つの写真が表示されます。

❶ 指定値以上のレーティング
❷ 指定値以下のレーティング
❸ 指定値と一致するレーティング

2 ソースフィルターで条件を組み合わせてさらに絞り込む

1 ＜ソースフィルター＞の＜パープル＞ラベルをクリックすると、

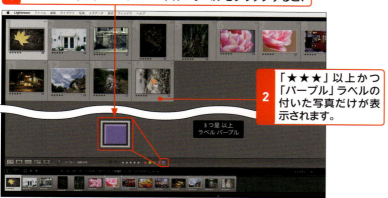

2 「★★★」以上かつ「パープル」ラベルの付いた写真だけが表示されます。

3 さらに、＜レッド＞ラベルもクリックすると、

4 「★★★」以上で「パープル」または「レッド」ラベルが付いた写真だけを表示できます。

5 さらに、＜編集済み＞をクリックすると、「★★★」以上で「パープル」または「レッド」ラベル付きで補正を行った写真だけに絞り込めます。

MEMO

ソースフィルターの内容

ソースフィルターのそれぞれの項目の詳細は以下のとおりです。

❶ フラグ：左から、＜採用フラグ＞付き、＜フラグなし＞、＜除外フラグ＞付きです。複数のフラグを同時にオンにできます。

❷ 編集ステータス：左はなんらかの補正を行った＜編集済み＞、右は補正をしていない＜未編集＞をあらわします。

❸ レーティング：★印の数を選択します。≥をクリックすることで条件を変更できます。

❹ カラーラベル：任意の＜カラーラベル＞が付けられている写真だけを表示します。複数の＜カラーラベル＞を同時にオンにできます。

STEPUP

Lightroom CC での写真の絞り込み表示

Lightroom CC では、検索バーの右側の＜検索の絞り込み＞▼をクリックすることで、表示している写真をフィルターできます。指定できる要素は＜レーティング＞＜フラグ＞のほか、クリックしてメニューから項目を選ぶ＜キーワード＞＜カメラ＞＜場所＞があります。

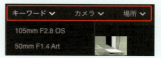

Section 75 選別した写真をコレクションで管理しよう

| CC | RAW | コレクション |
| Classic | JPEG | コレクションセット |

セレクト作業が終わったら、お気に入りの写真をコレクションに入れて整理します。撮影した場所、イベントの名前などで分類してコレクションを作成することで検索性も高くなります。

1 選択した写真をコレクションに入れる

あらかじめ、写真に★印を付けています。

1 ライブラリモジュールのグリッド表示で、P.190を参考に、★印付きの写真だけを選択します。

2 コレクションパネルのをクリックし、

3 ＜コレクションを作成＞をクリックします。

4 ＜名前＞を入力し、

5 ＜選択した写真を含める＞がオンになっていることを確認して、

6 ＜作成＞をクリックします。

7 選択していた写真が入ったコレクションが作成されます。

KEYWORD

コレクション

「コレクション」は、写真を入れておける仮想のフォルダーです。画像ファイルをコピーするわけではないので、パソコンのストレージ容量を消費しません。お気に入りの写真を整理するためのアルバムとして、また、スライドショーやWebギャラリーを作成する際にも利用できます。Lightroom CCには、同様の機能として「アルバム」があります。アルバムについては、P.199を参照してください。

HINT

＜選択した写真を含める＞オプションについて

コレクション作成時に、＜選択した写真を含める＞をオンにしておくと（初期設定ではオンになっています）、選択している写真を、作成したコレクションに自動的に入れられます。

2 コレクションセットでコレクションを整理する

1 コレクションパネルのをクリックし、

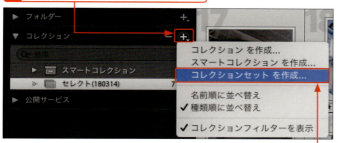

2 ＜コレクションセットを作成＞をクリックします。

3 「コレクションセットを作成」画面で＜名前＞を入力し、

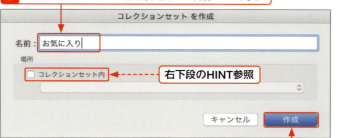

右下段のHINT参照

4 ＜作成＞をクリックします。

5 コレクションパネル内で、＜セレクト（180314）＞を、作成した＜お気に入り＞にドラッグ&ドロップします。

6 ＜お気に入り＞に＜セレクト（180314）＞が入りました。

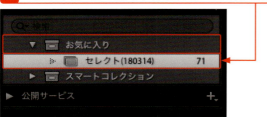

HINT

コレクションへの写真の追加と削除

前ページで作成したコレクションに写真を追加するには、写真を選択してコレクションにドラッグ&ドロップします。写真を取りのぞくには、コレクションの内容を表示した状態で、その写真を選択して Delete または Backspace を押します。なお、この操作で写真がカタログから削除されることはありません。＜コレクション＞内の写真をカタログから削除したいときは、写真を右クリック（Macでは control ＋クリック）して表示されるメニューから＜ライブラリ内のフォルダーに移動＞をクリックし、写真が保存されているフォルダー上で削除します。

KEYWORD

コレクションセット

「コレクションセット」は、コレクションをまとめておける仮想の親フォルダーです。作成したコレクションが増えると、目当てのコレクションが探しづらくなりますから、被写体や撮影地、テーマなどのコレクションセットを作成して整理します。

HINT

複数のコレクションセットを作成している場合

「コレクションを作成」画面の操作時に、＜コレクションセット内＞をクリックしてオンにすると、作成するコレクションを保存するコレクションセットを選択することができます。

Section 76 ファイル名を変更して効率よく管理しよう

| CC | RAW | 写真名を一括変更 |
| Classic | JPEG | プリセットの保存 |

撮影時に付けられる写真のファイル名は記号と数字だけですが、Lightroom Classic CCを使ってファイル名を変えることで、「いつ」「何番目」に撮ったのかを明確にでき、整理しやすくできます。

1 選択した写真のファイル名を一括で変更する

ファイル名を変更したい写真が保存されたフォルダーを選択して、ライブラリモジュールのグリッド表示にしておきます。

1 ＜編集＞メニューをクリックし、＜すべての選択＞をクリックします。

2 ＜ライブラリ＞メニューをクリックし、

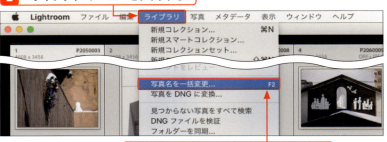

3 ＜写真名を一括変更＞をクリックします。

4 ＜ファイルの名前＞の◇をクリックして、

5 表示されるメニューから＜編集＞をクリックします。

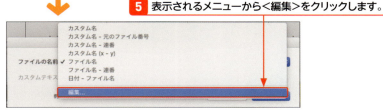

6 テキスト入力エリアをクリックして、

7 [Delete]または[Backspace])を押して、文字列を消去します。

MEMO 写真のファイル名について

多くのカメラでは、「IMG（imageの略）」などの記号と4桁の数字を組み合わせたファイル名を使用しています。そのままでは、撮り溜めた写真が1万枚を超えるとファイル名の重複が起きるうえ、撮った順番もわかりづらくなります。管理のしやすさも考えると、重複が起こらないファイル名にしておくのがおすすめです。ここでは「日付＋連番」にする方法を説明しています。日付は西暦の下2桁と月日の各2桁（1900年代や2100年以降との重複を避けたい場合は＜日付（YYYYMMDD）＞を選択します。また、1日の撮影枚数が1万枚を超える場合は、＜連番（00001）＞を選択してください。

MEMO カスタムテキストを使用する

テキスト入力エリアに文字を入力すると、その文字列がファイル名に追加されます。撮影者の氏名などの固定の文字列を入れたいときや、ファイル名で被写体や撮影場所などがわかるようにしたい場合に便利です。

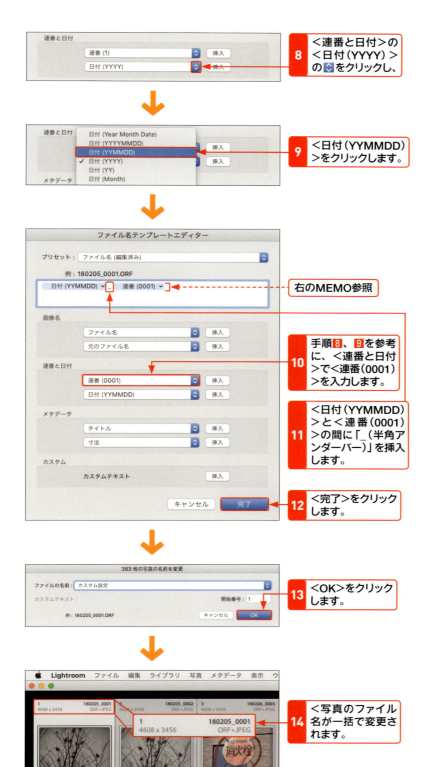

HINT

ファイル名のカスタマイズ

「ファイル名テンプレートエディター」画面でプルダウンメニューから「日付（YYMMDD）」などをクリックすることで、ファイル名に加えたい文字列を入力できます。すでに表示されている項目を入力するには、右にある＜挿入＞をクリックします。誤って入力した項目を削除したいときは、その項目を選択して Delete または Backspace を押します。

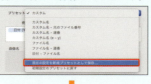

プリセットの保存

設定したファイル名のテンプレートをほかの機会にも利用したい場合、＜プリセット＞の＜ファイル名（編集済み）＞をクリックして、表示されるメニューから、＜現在の設定を新規プリセットとして保存＞をクリックし、＜プリセット名＞を付けて保存しておきます。

MEMO

Windowsでの表示について

Windowsの場合は、設定した項目は { } で括られた状態で表示されます。

76 ファイル名を変更して効率よく管理しよう

5 写真管理の仕方を知ろう

Section 77 写真にキーワードを付けて探しやすくしよう

キーワード / 検索

Lightroomでは主な被写体や撮影したイベント名などの情報を**キーワード**として写真に付加することができます。キーワードを付けて管理することで、特定の写真を**検索**しやすくできます。

1 被写体や撮影ジャンルなどをキーワードとして入力する

ライブラリモジュールで写真を選択します。

1 <キーワード>をクリックしてパネルを表示し、

2 <キーワードタグ>が<キーワードを入力>になっていることを確認して、

3 キーワードパネルのテキストボックスをクリックして反転させます。

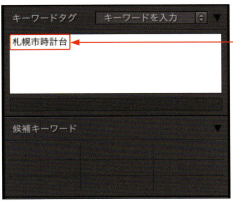

4 キーワード（ここでは「札幌市時計台」）を入力します。

MEMO
キーワードを活用する

「キーワード」は写真を整理、分類するために利用します。被写体の名前、撮影ジャンル、撮影したイベント名などを入力しておくと、写真を探し出すための大きなヒントになります。

HINT
キーワードリストパネル

キーワードリストパネルでは、写真に付けたさまざまなキーワードが一覧できます。また、任意のキーワードに別のキーワードをドラッグ＆ドロップすることで階層化することもできます。たとえば、「植物」というキーワードの下の階層に「樹木」や「花」などのキーワードを入れ、「樹木」の下の階層に「カエデ」「イチョウ」などを入れておけます。ジャンルごとにキーワードを階層化しておくことで、整理しやすくなります。

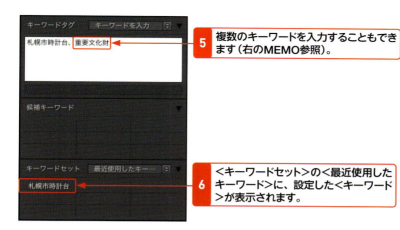

5 複数のキーワードを入力することもできます（右のMEMO参照）。

6 ＜キーワードセット＞の＜最近使用したキーワード＞に、設定した＜キーワード＞が表示されます。

複数のキーワードを入力する方法

複数のキーワードを入力する際は、キーワードを「,(カンマ)」や「、(読点)」で区切ります。[Enter] または [return] を押して確定すると、「、」は自動的に「,」に変換され、キーワードは50音順に並べ直されます。

2 キーワードリストパネルで写真を検索する

1 ＜キーワードリスト＞をクリックしてパネルを開き、

2 検索したいキーワードにマウスカーソルを重ね、

3 表示される ▷ をクリックすると、

4 そのキーワードが設定された写真が表示されます。

最近使用したキーワード

初期設定の＜キーワードセット＞の＜最近使用したキーワード＞には、直近に使用した9つまでのキーワードが表示されます。

よく使うキーワード

頻繁に使用するキーワードは＜候補キーワード＞に表示されます。＜候補キーワード＞と＜キーワードセット＞に表示されている項目をクリックすることでもキーワードを入力できます。

Section 78 Lightroom CCで写真を検索しよう

Lightroom CCには高度な機械学習機能のAdobe Senseiが採用されており、キーワードを付けていない写真を**テキスト検索**することが可能です。検索した写真をアルバムにまとめる方法も解説します。

1 検索バーにキーワードを入力して検索する

1 検索バーをクリックして、

2 探したいキーワードとなる語句を入力し（ここでは「花」）、

3 EnterまたはreturnPress を押します。

4 花が写った写真が表示されます。

MEMO

Adobe Sensei

Adobe Senseiが採用されたLightroom CCでは、キーワードを設定しなくてもテキスト検索が可能です。今のところはまだ完璧ではありませんが、1枚1枚の写真にキーワードを入力する手間が省けるというメリットはとても大きく、今後の進化が期待されます。

STEPUP

手動でのキーワード入力

自分でキーワードを付けたいときは、画面右下の<キーワード>をクリックして、<キーワードを追加>欄に語句を入力します。EnterまたはreturnPress を押すとキーワードが設定されます。Lightroom Classic CC同様、複数のキーワードを設定することができます。なお、誤って設定したキーワードを取りのぞくには、設定したキーワードをクリックします（マウスカーソルを重ねると、打ち消し線が付いた状態に変わり、クリックするとそのキーワードが削除されます）。

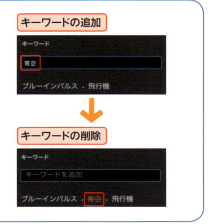

5 写真管理の仕方を知ろう

198

2 アルバムを作成して写真を整理する

1 <編集>メニューから<すべてを選択>をクリックして、
2 画面左の<マイフォト>をクリックし、
3 左側のパネルを表示します。

4 ＋をクリックします。

5 <アルバムを作成>をクリックします。

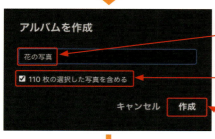

6 「アルバムを作成」画面でアルバムの名前を入力し(ここでは「花の写真」と入力)、
7 <110枚の選択した写真を含める>オプションがオンになっているのを確認して、
8 <作成>をクリックします。

9 アルバムパネルに「花の写真」が作成され、検索した写真がまとめられました。

HINT
アルバムへの写真の追加と削除

作成したアルバムに写真を追加したいときは、その写真をアルバムにドラッグ＆ドロップします。写真をアルバムから取りのぞきたいときは、その写真を選択した状態で、<編集>メニューの<アルバムから写真を削除>をクリックします。

HINT
フォルダーを作成してアルバムを整理する

「フォルダー」は、Lightroom Classic CCの「コレクションセット」に相当するもので(「アルバム」は「コレクション」に相当します)、作成したアルバムを整理するのに役立ちます。フォルダーを作成するには、アルバムパネルの ＋ をクリックして<フォルダーを作成>を選択します。アルバムは、作成したフォルダーにドラッグ＆ドロップします。

HINT
アルバムパネルの表示

アルバムパネルの内容は、サムネール付きで表示される ■ <名前とカバーの表示>と、リスト表示となる ■ <名前だけを表示>から選べます。また、フォルダーの左の ▼ をクリックすると、そのフォルダーを折り畳むことができます(▶ をクリックすると再度展開できます)。

Section 79 スマートコレクションを使って自動で整理しよう

スマートコレクション / キーワード

スマートコレクションを使うと、設定した条件に合った写真を**自動的に1つの場所**に集めることができます。旅先で撮った写真や特定のイベントの写真をかんたんに**グループ化して整理**できます。

1 特定のキーワードのスマートコレクションを作成する

1 コレクションパネルの+をクリックして、
2 <スマートコレクションを作成>をクリックします。
3 「スマートコレクションを作成」画面が表示されます。

4 <名前>に任意の名前を入力して、
5 <すべての>に設定されていることを確認し、
6 <レーティング>をクリックします。

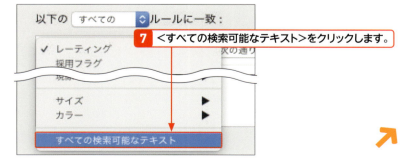

7 <すべての検索可能なテキスト>をクリックします。

KEYWORD

スマートコレクション

「スマートコレクション」は、指定した条件に一致した写真だけを自動的に集めてくれる仮想のフォルダーです。通常のコレクションは、自分で写真を追加したり、削除したりする必要があるのに対して、スマートコレクションはそういった手間がまったくないのが便利な点です。

HINT

スマートコレクションの編集

作成したスマートコレクションの条件を追加したり、見直したりするときは、そのスマートコレクションを右クリック（Macでは control +クリック）して、表示されたメニューから<スマートコレクションを編集>をクリックします。マウスでダブルクリックしても編集画面が表示できます。

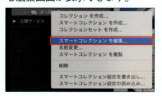

8 テキスト入力エリアに検索したいキーワードを入力し（ここでは「さっぽろ雪まつり」と入力）、

9 ＜作成＞をクリックします。

10 作成したスマートコレクションがコレクションパネルで選択された状態で表示され、条件に一致した写真が一覧表示されます。

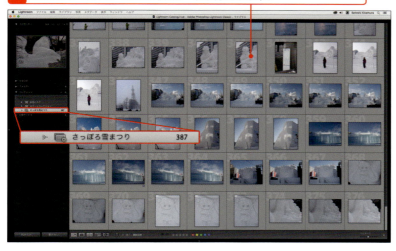

79 スマートコレクションを使って自動で整理しよう

HINT

条件に一致すれば今後も自動的に追加される

スマートコレクションは、指定した条件に一致するすべての写真を集めます。将来、その条件に一致する写真をカタログに追加すると、自動的にスマートコレクションに追加されます。たとえば、今年の「さっぽろ雪まつり」で撮った写真に「さっぽろ雪まつり」のキーワードを付加すると、自動的に「さっぽろ雪まつり」のスマートコレクションに追加されるわけです。

5 写真管理の仕方を知ろう

STEPUP

複数の検索条件を設定する

スマートコレクションでは、複数の検索条件を設定することもできます。その際は、「以下の＜すべての＞ルールに一致」あるいは「以下の＜いずれかの＞ルールに一致」のどちらかを指定します（＜なし＞を選ぶとすべての写真が表示されます）。＜すべての＞は複数の条件の両方に一致する写真だけが集められ、＜いずれかの＞では指定した条件のどれか1つに一致する写真が集められます。これを利用すると、たとえば過去1年間の「さっぽろ雪まつり」の写真だけを表示するといったことができます。

201

Section 80 GPSのログデータで写真に位置情報を追加しよう

CC | RAW | マップ
Classic | JPEG | 位置情報

スマートフォンのGPSアプリの**ログデータ**を読み込んで、撮った写真に**位置情報を付加**することができます。位置情報のある写真は、マップモジュールで地図上に表示することができます。

1 GPSアプリのログデータを読み込んで写真にタグ付けする

1 ライブラリモジュールの＜グリッド表示＞で、位置情報を付けたい写真を選択し、

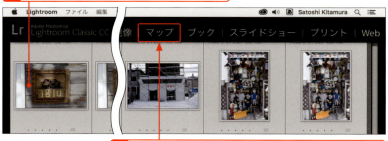

2 ＜モジュールピッカー＞の＜マップ＞をクリックします。

3 ツールバーの＜GPSトラックログ＞をクリックし、

4 ＜トラックログを読み込み＞をクリックして、写真を撮った日のログデータを読み込みます。

KEYWORD

マップモジュール

「マップモジュール」では、Googleマップ上に位置情報を持つ写真を表示できます。＜マップのスタイル＞は、初期設定の＜ハイブリッド＞のほか、おなじみの＜ロードマップ＞や衛星写真を使用する＜サテライト＞などから選べます。ここでは＜ロードマップ＞を使って説明しています。

HINT

スマートフォン用 GPSアプリについて

GPSのログデータを取得するには、スマートフォン用のGPSアプリを使うのがおすすめです（ログデータをGPX形式でファイル出力できることが必要です）。ここでは、iOS用の「SimpleLogger」というアプリを使用しています。

5 「トラックファイルを読み込み」画面で、GPSアプリの
ログデータをクリックして選択し、

6 <選択>をクリックします。

7 地図上に移動経路が表示されます。

8 ■をクリックし、

9 <選択した136枚の写真に自動タグ付け>をクリックします。

10 移動経路に沿って<プレビューピン>が表示されます。

11 <プレビューピン>を
クリックすると、

12 その場所で撮った写真が表示されます。

MEMO

マップの操作

マップの拡大、縮小はマウスのホイール操作、またはツールバーの<ズームスライダー>で行います。マップをダブルクリックして拡大することもできます。スクロールするには、マウスでドラッグします。

HINT

付加される位置情報について

GPSのログデータを利用して位置情報が付加された写真は、メタデータパネルの<GPS測定位置>などで緯度や経度、標高などの情報を確認できます。GPS機能を備えたカメラで位置情報が記録された写真も同様です。

STEPUP

マップへのドラッグ＆ドロップ

マップモジュールでは、フィルムストリップからドラッグ＆ドロップすることで、写真に位置情報を付加できるようにもなっています。GPSのログデータがなくても、写真を撮った場所さえはっきりしていれば、正確な位置情報を得られます。写真をドロップした場所から移動させるには、<プレビューピン>をドラッグします（緯度や経度などの情報も自動的に更新されます）。<プレビューピン>を選択してDeleteまたはBackspaceを押すと、マップ上から消すことができ、写真の位置情報も消去されます。

80 GPSのログデータで写真に位置情報を追加しよう

5 写真管理の仕方を知ろう

203

Section 81 ライブラリフィルターを使って写真を探そう

CC / Classic / RAW / JPEG　ライブラリフィルターバー　メタデータ

ライブラリフィルターを利用すると、さまざまな条件を組み合わせて写真をすばやく**検索**できます。特定のイベントの写真を探したいときや、テーマごとにコレクションを作成したいときなどにも役立ちます。

1 ライブラリフィルターで表示する写真を絞り込む

1 ライブラリモジュールの<グリッド表示>の状態で、

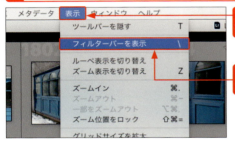

2 <表示>メニューをクリックし、

3 <フィルターバーを表示>をクリックしてオンにします。

4 ライブラリフィルターの右端の<フィルターオフ>をクリックし、

5 <カメラ情報>をクリックします。

KEYWORD

ライブラリフィルターバー

「ライブラリフィルターバー」では、ファイル名やEXIF情報、キーワードなどから検索できる<テキスト>のほか、「フラグ」「編集ステータス」「レーティング」「カラーラベル」から絞り込める<属性>、最大8個のメタデータをクリックして絞り込める<メタデータ>の3つのモードが利用できます。

HINT

キーワードや撮影場所の情報が必須

キーワードや撮影場所で検索するには、それらの情報が適切に設定されていることが必要です。たとえば、蝶が写った写真であっても、「蝶」というキーワードが入力されていなければ検索結果からは漏れてしまいます（これを埋める技術が「Adobe Sensei」ですが、Lightroom Classic CCには搭載されていません）。同様に、撮影場所の情報が入力されていない写真も検索の対象とはなりません。

6 <カメラ>の列で任意のカメラをクリックし（ここでは「E-M1MarkII」を選択）、

7 <レンズ>と<レンズ焦点距離>の列も同様に選択します（ここでは「OLYMPUS M.12-100mm F4.0」「25mm」を選択）。

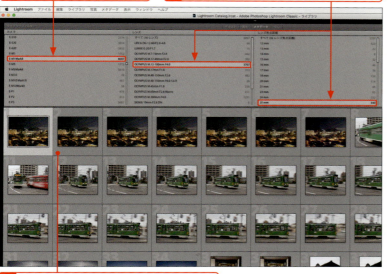

8 条件に一致した写真だけが表示されます。

HINT
複数の項目を選択する

メタデータで複数の項目を選択したいときは、Ctrl（Macではcommand）を押しながらクリックします。Shiftを押しながらクリックすると、間にある項目もまとめて選択できます。

STEPUP
複数のモードを組み合わせて検索する

<テキスト><属性><メタデータ>の3つのモードはクリックすることで切り替えられますが、Shiftを押しながらクリックすると、2つまたは3つのモードを組み合わせられます。

2 メタデータの列を追加する

1 <レンズ>の列の上部の帯部にマウスカーソルを重ね、表示される■をクリックして、

2 <列を追加>をクリックします。

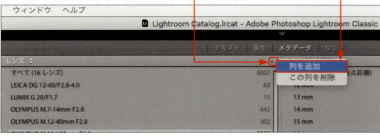

3 新しい空白の列が追加されます。

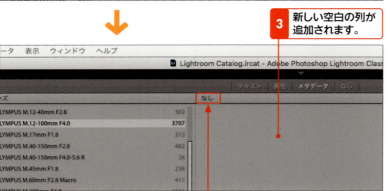

4 列の名前（ここでは<なし>）をクリックします。

MEMO
メタデータの列の追加

メタデータの列は必要に応じて追加したり、削除したりできます。ここで追加した<日付>のほか、以下のメニューに表示される項目を、最大8項目まで設定できます。

205

5 <日付>をクリックします。

6 同じようにして、<レンズ焦点距離>と<フラッシュの状態>の列を<場所>と<キーワード>に変更します。

7 特定の場所で撮った特定の被写体（ここでは「千歳基地」で撮った「戦闘機」を選択）の写真だけに絞り込めます。

MEMO

階層表示とフラット表示

日付や撮影場所、キーワードなどは、表示方法を<階層>と<フラット>から選べます。<階層>を選ぶと「年」「月」「日」、「国名」「都道府県名」「市町村名」「サブロケーション」が階層化されます。<フラット>ではすべての項目が展開した状態で並びます。

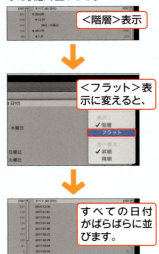

3 メタデータの列を削除する

1 削除したい列にマウスカーソルを合わせて、■をクリックし、

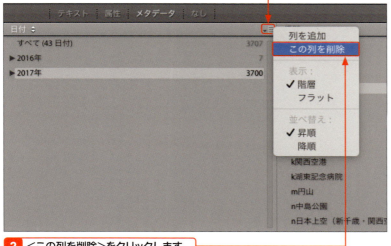

2 <この列を削除>をクリックします。

STEPUP

撮影場所の名前に頭文字を付ける

<場所>にはメタデータパネルの<サブロケーション>の名前が並びますが、漢字の地名が「読み」の順で並ばないため、とても探しづらくなっています。ここでは地名などにアルファベットの頭文字を付けることで、探しやすいようにしています。

第6章

自慢の写真を
みんなに見せよう

Section

82　プリントモジュールを知ろう

83　用紙サイズに合わせてプリントしよう

84　写真の比率のままプリントしよう

85　1枚の用紙に複数の写真を並べてプリントしよう

86　プリンター設定とカラーマネジメントを知ろう

87　オンラインアルバムを作って公開しよう

88　flickrで写真を公開しよう

89　ブックモジュールでオリジナルの写真集を作ろう

90　スライドショーを動画にして楽しもう

91　補正が終わった写真をJPEGで書き出そう

Section 82 プリントモジュールを知ろう

CC / Classic / RAW / JPEG　プリントモジュール　パネル

プリントモジュールでは、写真をプリントするためのさまざまな設定を行います。1枚の用紙に複数の写真をレイアウトすることも可能です。なお、Lightroom CCにはプリント機能はありません。

1 プリントモジュールの画面概要

左側パネル：プリントのスタイルやレイアウトを選ぶための<テンプレートブラウザー>などがあります。

画像表示領域：この領域にプリントイメージが表示されます。

モジュールピッカー：モジュールの切り替えを行います。

右側パネル：写真をプリントするためのさまざまな設定を行います。

フィルムストリップ：写真を帯状に並べて表示します。レーティングやカラーラベルなどによる絞り込み表示も可能です。

ツールバー：プリントする写真の設定や、コマ送り／戻しの操作を行います。

上下左右の4つのパネルは4辺の中央の▼をクリックすると折り畳むことができます。再度展開するには■をクリックします。

第6章 自慢の写真をみんなに見せよう

2 左右パネルの詳細

❶のレイアウトスタイルパネルで＜単一画像/コンタクトシート＞を選択したときは、❺❻は表示されません。＜ピクチャパッケージ＞＜カスタムパッケージ＞を選択したときは、❸❹は表示されません。また、それぞれのモードによって、各パネルの表示内容は変化します。

右パネル

❶	**レイアウトスタイルパネル** 1枚の用紙に1枚または複数の写真をプリントする＜単一画像/コンタクトシート＞、1枚の用紙に同じ写真を複数レイアウトする＜ピクチャパッケージ＞、複数の写真を1枚の用紙にレイアウトする＜カスタムパッケージ＞から選びます。
❷	**現在の画像用の設定パネル** レイアウトに対して、プリントする写真の向きや大きさ、写真の枠線などを設定します。
❸	**レイアウトパネル** ＜単一画像/コンタクトシート＞を選択したときにだけ表示される項目で、上下左右の余白の広さや1枚の用紙にレイアウトする写真の枚数などを設定します。
❹	**ガイドパネル** 並べる写真の間隔などをわかりやすくするために画面に表示する定規やガイドラインなどの設定です。＜単一画像/コンタクトシート＞を選択したときにだけ表示される項目です。
❺	**定規 グリッド ガイドパネル** ＜ガイド＞パネル同様、画面に表示する定規やガイドラインなどの設定です。＜ピクチャパッケージ＞と＜カスタムパッケージ＞を選択したときに表示されます。
❻	**セルパネル** ページにレイアウトする写真の領域（セル）を追加したり、ページを追加したりします。＜ピクチャパッケージ＞と＜カスタムパッケージ＞を選択したときに表示されます。
❼	**ページパネル** 写真上にプリントする＜IDプレート＞や＜透かし＞のほか、ファイル名や撮影データなどのテキストの設定を行います。
❽	**プリントジョブパネル** プリントする解像度や画質のほか、カラーマネジメントなどの設定を行います。

左パネル

❶	**プレビューパネル** 選択中あるいはマウスカーソルを重ねたテンプレートのレイアウトイメージを表示します。
❷	**テンプレートブラウザーパネル** さまざまなスタイルやレイアウトのテンプレートが用意されています。
❸	**コレクションパネル** 任意の写真を集めておけるコレクション、設定した条件に合致する写真を自動的に集めるスマートコレクション一覧表示されます。

Section 83 用紙サイズに合わせてプリントしよう

CC Classic / RAW JPEG / 単一画像 ズームして合わせる

1枚の写真を1枚の用紙にプリントするとき、写真の端が欠けないフチ付きと、用紙いっぱいにプリントするフチなしが選べます。ここでは**用紙サイズ**に合わせて**フチなしでプリント**する方法を説明します。

1 フチなしプリントの設定をする

1 ライブラリモジュールの＜グリッド表示＞で、プリントしたい写真をクリックして選択し、

2 モジュールピッカーの＜プリント＞をクリックします。

3 レイアウトスタイルパネルの＜単一画像/コンタクトシート＞が選択されていることを確認します（初期設定ではこちらが選択）。

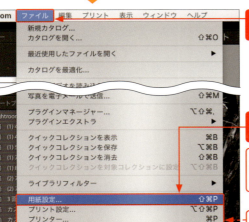

4 ＜ファイル＞メニューをクリックし、

5 ＜用紙設定＞をクリックします。

左側パネル下部の＜用紙設定＞をクリックしてもかまいません。

右のMEMO参照

HINT
フチなしプリントに対応しているかを確認

最近のインクジェットプリンターならまず問題はありませんが、以前はフチなしプリントができないプリンターもありました（対応していないプリンターでは、用紙設定時に＜フチなし＞などの選択肢は表示されません）。あらかじめ、お使いのプリンターの使用説明書などで確認しておいてください。対応していない場合はP.211の手順 8 を参照して「フチ付き」でプリントしてください。

MEMO
プリント関連のメニューとボタン

プリントモジュールの＜ファイル＞メニューには、＜用紙設定＞のほかに、プリント関連の項目があります。

プリント設定（Macのみ）：用紙の種類の選択や印刷品質などを設定して保存しておくことができます。
プリント：あらかじめ設定した＜プリント設定＞の内容にしたがってプリントします。
プリンター：＜用紙設定＞などを行ってから、プリントしたいときに使用する項目です。

6 「ページ設定」画面が表示されます（Windowsでは「印刷」画面）。

HINT

各項目のショートカットキー

プリント関連の4つの項目のうちの＜用紙設定＞と＜プリンター＞は特によく使うので、ショートカットキーを覚えておくと便利です。＜用紙設定＞は [Ctrl] + [Shift] + [P]、＜プリンター＞は [Ctrl] + [P] で各画面が表示できます（Macではそれぞれ [command] + [Shift] + [P]、[command] + [P] です）。

2 テンプレートを使用してプリントする

1. テンプレートブラウザーパネルの＜Lightroomテンプレート＞の中の＜最大サイズ＞をクリックし、

2. 現在の画像用の設定パネルで＜ズームして合わせる＞をクリックしてオンにします。

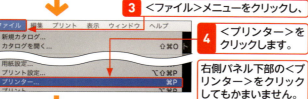

3. ＜ファイル＞メニューをクリックし、

4. ＜プリンター＞をクリックします。

右側パネル下部の＜プリンター＞をクリックしてもかまいません。

HINT

フチなしプリントに対応していない場合

使用するプリンターがフチなしプリントに対応していない場合は、＜用紙設定＞でできるだけ余白が少なくなるよう設定し、＜最大サイズ＞＜ズームして合わせる＞を選んでフチ付きでプリントしたあと、余白部分をカッターなどで切り落とします。

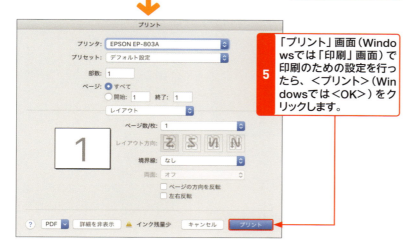

5. 「プリント」画面（Windowsでは「印刷」画面）で印刷のための設定を行ったら、＜プリント＞（Windowsでは＜OK＞）をクリックします。

MEMO

ズームして合わせる

ほとんどの場合、写真の横縦比と用紙の横縦比は一致しません。そのため、＜最大サイズ＞を選んだだけでは用紙の上下または左右に余白ができてしまいます。＜ズームして合わせる＞は、写真を少し拡大して余白を出さないようにするオプションで、フチなしプリントを行う際は必ずオンにします。

211

Section 84 写真の比率のままプリントしよう

`CC` `Classic` `RAW` `JPEG` マージン／ページの背景色

もとの比率のまま写真をプリントする場合は、**余白**を付けます。四辺の余白の幅を同じにすると見た目のバランスがよくなります。余白部分の**色**を変えたり、写真に**枠線**を付けたりすることもできます。

1 任意のサイズの用紙で余白の幅を統一する

ここでは、P.210の手順 1 2 を終えたところから解説しています。

1 テンプレートブラウザーパネルの＜Lightroom テンプレート＞を表示し、

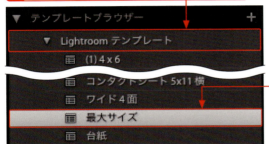

2 ＜最大サイズ＞をクリックします。

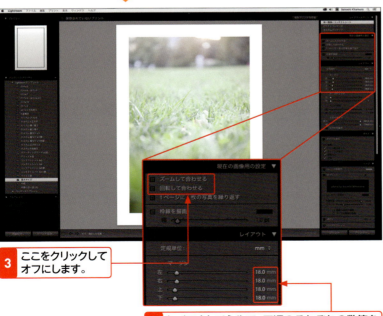

3 ここをクリックしてオフにします。

4 レイアウトパネルで、四辺のそれぞれの数値を「18mm」に設定します。

HINT 写真の縦位置と横位置

現在の画像用の設定パネルの＜回転して合わせる＞がオンの状態では、用紙の向きと異なる写真は90度回転した状態で表示されます。そのままプリントしても問題はありませんが、正しい向きで表示したい場合は、＜ファイル＞メニューから＜用紙設定＞をクリックし、写真の向きに合わせて用紙の向きを設定してください。

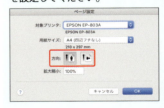

HINT 枠線付きの写真

現在の画像用の設定パネルで＜枠線を描画＞をクリックしてオンにすると、写真に枠線を付けてプリントできます。枠線の色は＜カラースウォッチ＞をクリックして選びます。枠線の太さは＜幅＞のスライダーを操作して設定します。

カラースウォッチ

自慢の写真をみんなに見せよう

2 余白の背景色を設定してプリントする

1 ページパネルの＜ページの背景色＞をクリックしてオンにし、

2 ＜カラースウォッチ＞をクリックします。

↓

3 右側のスライダーをいちばん上までドラッグし、

↓

4 好みの色の部分をクリックします（ここでは薄いクリーム色に設定しています）。

5 余白の部分の色が変わります。

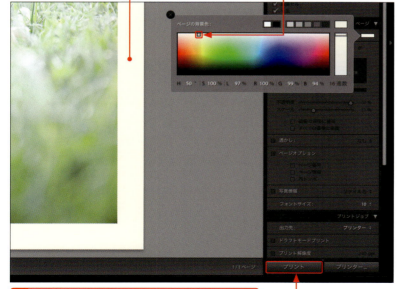

6 右側パネル下部の＜プリント＞をクリックします。

HINT

ガイドの使い方

ガイドパネルの＜ガイドを表示＞をオンにすると、余白などがわかりやすくなるガイドラインや定規が表示されます。項目ごとに表示のオン／オフが選択できます。

ガイド

MEMO

ズームして合わせるオプションと用紙の向き

写真の向きと用紙の向きが違っている場合に＜ズームして合わせる＞がオンになっていると、写真の短辺を用紙の長辺にフィットさせることになるため、大幅にトリミングされてしまうので注意してください。

ズームして合わせる：オフ

ズームして合わせる：オン

回転して合わせる：オン

Section 85 1枚の用紙に複数の写真を並べてプリントしよう

`CC` `Classic` `RAW` `JPEG` カスタムパッケージ セル

ピクチャパッケージやカスタムパッケージを使うと、**1枚の用紙**に**複数の写真**を並べてプリントできます。ここでは**カスタムパッケージ**で自由に写真をレイアウトしてプリントする方法を説明します。

1 フィルムストリップから写真をドラッグ＆ドロップする

1 プリントモジュールのレイアウトスタイルパネルで＜カスタムパッケージ＞をクリックします。

2 ページ上の＜セル＞は使わないので、セルパネルの＜レイアウトを消去＞をクリックします。

3 フィルムストリップを開いて、レイアウトしたい写真をドラッグ＆ドロップします。

4 手順3を繰り返して、写真をドラッグ＆ドロップして追加します。

HINT

ピクチャパッケージとカスタムパッケージ

「ピクチャパッケージ」は、1枚の用紙に同じ写真を複数枚レイアウトしてプリントできます。サイズや比率違いのバリエーションも作れるので、証明写真やシールプリントなどに利用できます。一方の「カスタムパッケージ」は、1枚の用紙に複数の写真をレイアウトできます。特定のテーマに沿った組み写真として見せたいときなどに便利です。

MEMO

セル

「セル」は、写真をレイアウトする領域のことです。フィルムストリップから写真をドラッグ＆ドロップすると自動的に作成されますが、先にセルを作成してから写真をドラッグ＆ドロップすることもできます。セルに写真をドラッグ＆ドロップすると、選択した写真の横縦比に合わせて自動的にセルの横縦比も変化します。セルパネルの＜写真の縦横比を固定＞をクリックしてオフにすると、セルの横縦比を自由に変えられます（写真はトリミングされます）。

2 ガイドを利用してサイズや位置を調整する

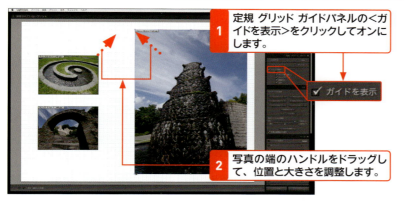

1. 定規 グリッド ガイドパネルの<ガイドを表示>をクリックしてオンにします。
2. 写真の端のハンドルをドラッグして、位置と大きさを調整します。

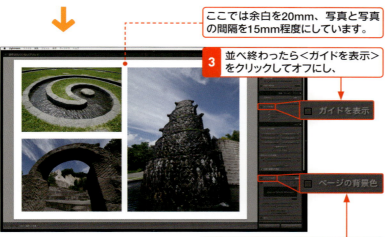

ここでは余白を20mm、写真と写真の間隔を15mm程度にしています。

3. 並べ終わったら<ガイドを表示>をクリックしてオフにし、
4. ページパネルの<ページの背景色>をクリックしてオンにします。

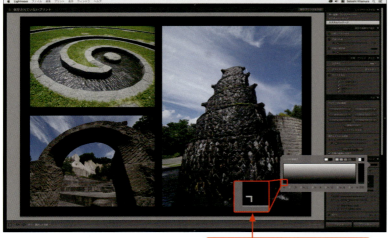

5. 余白部分を黒色に設定します。

HINT

レイアウトを消去と新規ページ

セルパネルの<新規ページ>をクリックすると、新しい空白のページが作成されます。<パッケージに追加>をクリックして配置したセルがページ上に入りきらないときは、自動的に新しいページが作成されます。ページを削除するには、そのページ上にマウスカーソルを重ね、ページの左上に表示される❌をクリックします。また、<レイアウトを消去>をクリックすると、ページ上のすべてのセルと2ページ目以降が破棄されます。

STEPUP

コンタクトシート

「コンタクトシート」はフィルム時代の「ベタ焼き」のようなもので、作品のインデックスとしても利用できます。「ピクチャパッケージ」や「カスタムパッケージ」と違って、数多くの写真を同じ大きさにレイアウトしてプリントします。テンプレートブラウザーの「コンタクトシート 4×5」などをベースに、好みなどに合わせてカスタマイズして使います。

Section 86 プリンター設定とカラーマネジメントを知ろう

`CC` `RAW` プリントジョブ
`Classic` `JPEG` カラーマネジメント

プリントジョブパネルでは写真をプリントするためのさまざまな設定を行います。いずれもプリントの品質やプリントアウトまでの所要時間を大きく左右する項目なので、注意して設定します。

1 プリントジョブパネルの設定をカスタマイズする（プリンター）

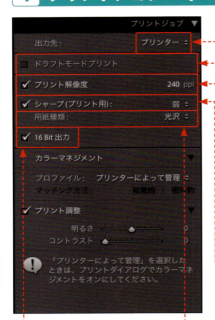

出力先：ここでは＜プリンター＞を選びます。

ドラフトモードプリント：大量のコンタクトシートを一度にプリントするときなどにオンにすると、所要時間を短縮できる場合があります。プリント品質が低下する可能性がありますので、通常はオフにしておきます。

プリント解像度：プリンターに送られるデータの解像度を指定します。通常はオフにしておいてかまいません。

シャープ（プリント用）：プリント用のシャープ処理の選択です。＜弱＞＜標準＞＜強＞から選択します。通常は初期設定値の＜弱＞でかまいませんが、現像モジュールでの＜シャープ＞を高めに補正している場合はチェックをはずしてオフにします。

用紙種類：シャープ処理を最適化するための設定で、半光沢、光沢紙は＜光沢＞、水彩用紙などのツヤのない用紙は＜マット＞に設定します。

16bit出力：16ビットプリントをサポートするプリンターを使用する際にオンにします。サポートしていない場合や、所要時間を短くしたいときはオフにします。

MEMO
プリントジョブの出力先

プリントジョブパネルでは、＜出力先＞を＜プリンター＞または＜JPEGファイル＞から選択できます。初期設定は＜プリンター＞で、クリックして表示されるメニューから＜JPEGファイル＞に切り替えられます。出力先を変更すると、設定可能な項目も変化します。

KEYWORD
ppiとdpi

ppi（ピクセル・パー・インチの略）やdpi（ドット・パー・インチの略）は、どちらも1インチあたりの画素の数をあらわすもので、プリントなどの解像度の単位です。

MEMO
プリント解像度

一般のインクジェットプリンターは、300dpi程度のプリント解像度を必要とします。A4用紙（210×297mm＝約8.3×11.7インチ）にフチなしプリントする場合、約2500×3500ピクセル（625万画素）以上の画素数があれば十分な画質が得られます。

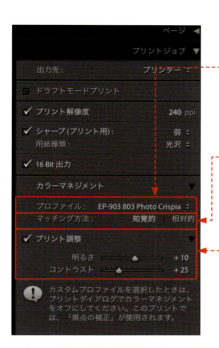

プロファイル：通常は＜プリンターによって管理＞でかまいませんが、プリンターや用紙のメーカーから対応するICCプロファイルが提供されている場合は、＜その他＞をクリックしてICCプロファイルを選択します。

マッチング方法：ICCプロファイルを使用する際に設定可能になる項目です。プロファイルが＜プリンターによって管理＞のときはグレー表示となります。通常は、＜知覚的＞に設定します。

プリント調整：パソコンのモニター上の表示とプリントの明るさやコントラストの差が気になる場合に微調整を行います。通常はオフのままでかまいません。

HINT

カラーマネジメントの設定項目

ここで紹介している＜プロファイル＞＜マッチング方法＞＜プリント調整＞は、上級者向けのオプションです。特別な場合をのぞいて、設定を行う必要はありません。

2 プリントジョブパネルの設定をカスタマイズする（JPEGファイル）

出力先：ここでは＜JPEGファイル＞を選びます。

ドラフトモードプリント：通常はオフにします。

ファイル解像度：出力されるJPEGファイルの解像度を指定します。通常は、初期設定の＜300ppi＞のままでかまいません。

シャープ（プリント用）：出力先が＜プリンター＞のときの＜シャープ＞と同じです。

JPEG画質：出力されるJPEGファイルの画質（圧縮率）を設定します。数値が高いほど高画質になりますが、ファイルサイズは大きくなります。通常は最高画質となる＜100＞のままでかまいません。

ファイルの寸法を指定：＜用紙設定＞（P.210参照）で選択した＜用紙サイズ＞と異なる大きさにしたいときに設定します。通常はオフのままでかまいません。

プリント調整：出力先が＜JPEGファイル＞のときはオフにします。

プロファイル：出力されるJPEGファイルの色空間を選択します。通常は＜sRGB＞に設定します。

MEMO

JPEGファイル

出力先を＜JPEGファイル＞に設定すると、Lightroom Classic CCのプリント設定を反映したJPEGファイルを出力できます。ほかのソフトで編集やプリントをしたい場合に使います。また、写真に余白や「IDプレート」「透かし」を入れた状態で出力したいときにも利用できます。

Section 87 オンラインアルバムを作って公開しよう

CC / Classic / RAW / JPEG / アルバムを共有 / Lightroom CCで同期

Lightroom CCのアルバムを、ほんの数クリックするだけで**オンラインで公開**することができます。公開したい写真の追加や削除も通常のアルバムと同じくかんたんです。

1 Lightroom CCでアルバムを共有する

1. グリッド表示で公開したい写真を選択して、
2. アルバムパネルの+をクリックし、
3. <アルバムを作成>をクリックします。
4. アルバムの名前を付けて、
5. <作成>をクリックします。
6. 公開したい写真をまとめたアルバムができました。
7. 作成したアルバムを右クリック（Macではcontrolを押しながらクリック）し、
8. <アルバムを共有>をクリックします。
9. <共有済みのアルバム>ダイアログの<閉じる>をクリックします。

MEMO

共有と公開

Lightroomには、クラウドストレージにアップロードした写真を、Webギャラリーの形でほかの人にも見せられるようにする機能があります。この機能は、Lightroom CCでは「共有」、Lightroom Classic CCでは「公開」と言います。基本的な部分は同じですが、Lightroom Classic CCでは＜(非公開リンクの)Webで表示＞から、オンライン版のLightroomにアクセスできる点が異なります。

HINT

公開後の写真の補正

公開した写真をあとから補正したくなった場合、一般的なアルバムサイトでは補正した写真と入れ替える操作を行う必要があります。Lightroom CCでは、写真を補正すると、その結果はクラウドストレージ上の写真に反映され、公開済みのアルバムの写真も変化します（ブラウザー上で表示している写真を更新するには再読み込みが必要です）。Webサイト上での操作が必要ないのが便利な点です。

| 10 | 作成したアルバムを右クリック（Macでは control を押しながらクリック）し、

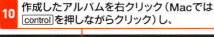
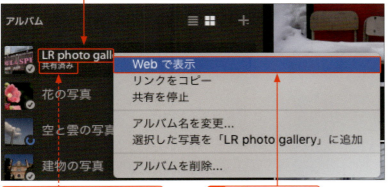

| アルバム名の下に＜共有済み＞と表示されます。 |

| 11 | ＜Webで表示＞をクリックします。

| 12 | Webブラウザーでアルバム内の写真を見られます。

2 アルバムに写真を追加／削除する

| 1 | 新しく撮った写真を共有済みのアルバムにドラッグして入れます。

| 2 | Web上のアルバムにも同じ写真が追加されます。

HINT

共有の停止

共有中のアルバムを右クリック（Macでは control を押しながらクリック）して、表示されたメニューから＜共有を停止＞をクリックすると、Web上のアルバムは非公開となり、第三者からはアクセスできなくなります。共有を停止したアルバムを再度公開するには、アルバムを右クリック（Macでは control を押しながらクリック）して、表示されるメニューから＜アルバムを共有＞をクリックします。

HINT

アルバムからの写真の削除

アルバムから写真を削除してもその写真がLightroom CCのライブラリから消えてしまうわけではありません。写真をクラウドストレージから削除するには、その写真を右クリック（Macでは control を押しながらクリック）して、表示されるメニューから＜写真を削除＞をクリックします。

オンラインアルバムを作って公開しよう

6 自慢の写真をみんなに見せよう

3 アルバム内の任意の写真を右クリック（Macでは control を押しながらクリック）し、

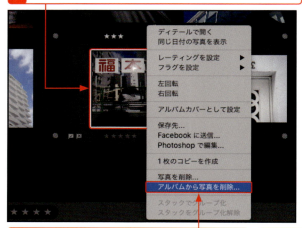

4 表示されるメニューから＜アルバムから写真を削除＞をクリックします。

Delete または Backspace を押してもかまいません。

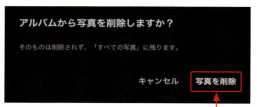

5 「アルバムから写真を削除しますか?」画面で、＜写真を削除＞をクリックします。

6 Web上のアルバムからも削除されます。

3 Web上のアルバム公開を確認／調整する

1 Webブラウザーのアドレス欄に「www.adobe.com/jp/」と入力して、Enter （Macの場合は、return ）を押します。

2 AdobeのWebサイトが開きます。

3 画面右上の＜ログイン＞をクリックします。

STEPUP

Lightroom Classic CC での公開の方法

Lightroom Classic CCでは、公開用のコレクションを作成して、右クリック（Macでは control を押しながらクリック）し、表示されるメニューから＜Lightroom CCと同期＞をクリックしてオンにしてから、画面右上の＜公開する＞をクリックします。この設定を行うと、＜Lightroom CCリンク＞の＜Webで表示＞では、＜公開リンク＞からWeb上のアルバムにアクセスでき、＜非公開リンク＞からはオンライン版のLightroomにアクセスできます。

MEMO

Webモジュール

Lightroom Classic CCのWebモジュールでは、Webギャラリーを作成し、ブログなどに設置することもできます。Webモジュールに用意されている多彩なテンプレートをカスタマイズして、オリジナリティーを発揮できます。

HINT

アルバム設定のタブについて

Web上のアルバムをカスタマイズできる＜アルバム設定＞には次の4つのタブがあります。
一般タブ：アルバムの＜タイトル＞や＜カバー写真＞（アルバムパネルに表示されるサムネール）を変更できます。
共有タブ：＜共有の停止＞やページのリンクのコピーのほか、＜メタデータを表示＞などのオプションが設定できます。
スライドショータブ：スライドショーの＜テーマ＞を＜シングル＞または＜マルチ＞から選択します。また、＜速度＞では写真が切り替わる間隔を＜高速＞＜中速＞＜低速＞から選択します。
削除タブ：コレクション（Lightroom CCのアルバムと同じです）を削除します。

HINT

共有のオプション

＜アルバム設定＞の＜共有＞タブには3項目のオプション設定があります。＜ダウンロードを許可＞は、オンにすると見た人が写真をダウンロードできるようになります。＜メタデータを表示＞をオンにすると、撮影したカメラの設定データを確認できるようになります。＜場所を表示＞は、位置情報を持つ写真の情報パネルに撮影場所が表示されます。

Section 88 flickrで写真を公開しよう

| CC | RAW | 公開サービス |
| Classic | JPEG | flickr |

インターネットの写真共有サイトを利用して、お気に入りの写真を多くの人に見てもらうのも写真の楽しみ方の1つです。ここでは、Lightroom Classic CCからflickrで写真を公開する方法を説明します。

1 flickrでアカウントを作成してログインする

1. Webブラウザーのアドレス欄に「www.flickr.com」と入力し、
2. Enterを押して（Macの場合return）、flickrのWebサイトにアクセスします。
3. 画面右上の＜Log In＞をクリックします。

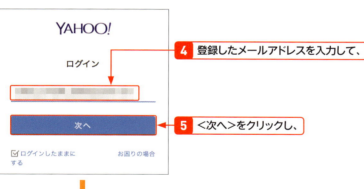

4. 登録したメールアドレスを入力して、
5. ＜次へ＞をクリックし、

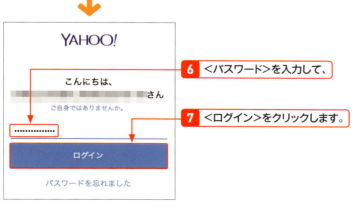

6. ＜パスワード＞を入力して、
7. ＜ログイン＞をクリックします。

MEMO

アカウントが必要

Lightroom Classic CCでflickrやFacebookなどに写真を公開するには、あらかじめアカウントを作成しておく必要があります。flickrのWebサイトは一部をのぞいて日本語化されていません。また、ログインするためのアカウントはyahoo.comのものが必要となります。なお、トップページの写真は随時変更されます。

HINT

Yahoo! アカウントの作成

flickrのWebサイトのトップページで画面右上の＜Sign Up＞をクリックして、表示される＜サインアップ＞ページ（Yahoo!のサービスは日本語で表示されます）で、名前やメールアドレス、パスワードなどを入力し、＜続ける＞をクリックします。入力したメールアドレスにアカウントキーが送られてくるので、次の＜メールアドレスの認証＞ページでそのアカウントキーを入力して、＜続ける＞をクリックすると作業は完了です。flickrにログインするには、再度www.flickr.comにアクセスします。

第6章　自慢の写真をみんなに見せよう

8 flickrのWebページが表示されます。

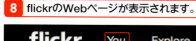

9 画面左上の＜You＞にマウスカーソルを重ね、

10 表示されるメニューから＜Photostream＞をクリックします。

11 「Photostream」のページが開きます。

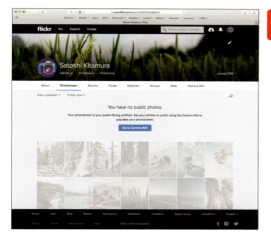

KEYWORD

写真共有サイト

かんたんな手順で写真を投稿、共有できるインターネットサービスの一種です。ここで紹介するflickrのほか、カメラメーカーが自社のユーザー限定で運営しているサービスもあります。

HINT

flickrのログイン方法について

2018年4月にflickrは同様の写真共有サービスであるSmugMugに買収されました。そのため、yahoo.comのアカウントを使用する現在のログイン方法は変更される可能性があります。

2 Lightroom Classic CCで公開サービスを設定する

1 Lightroom Classic CCのライブラリモジュールで、公開サービスパネルの＜Flickr＞をダブルクリックします。

2 ＜Lightroom公開マネージャー＞が表示されるので、

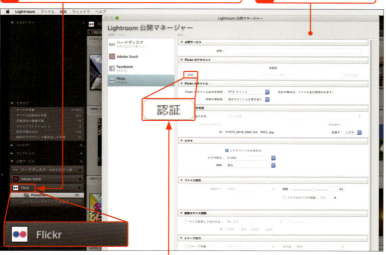

3 ＜Flickrのアカウント＞の＜認証＞をクリックします。

HINT

家族や親しい友人にだけ写真を公開する

flickrの写真を限られた人だけが見られるように設定することができます。公開マネージャーを開いて、いちばん下の＜プライバシーと安全性＞で、＜プライバシー＞の＜プライベート＞をクリックしてオンにし、＜保存＞をクリックします。自分だけが見られるようにすることもできますし、＜家族＞＜友人＞にだけ公開することも可能です。

4 続いて<認証>を
クリックします。

5 Webブラウザーにこのページが表示されたら、下部の
<OK, I'LL AUTHORIZE IT>をクリックします。

この操作で、Lightroom Classic CCからflickrに
アクセスできるようになります。

6 自動的にLightroom Classic CCに切り替わるので、
<完了>をクリックして画面を閉じます。

7 <保存>をクリックして、「Lightroom
公開マネージャー」画面を閉じます。

HINT

個人情報の保護について

キーワードや場所などの情報を公開する写真に付加したくないときは、<メタデータ>の<次を含める>を<著作権情報のみ>にします。また、写真の不正利用を避けたい場合は<透かし>をクリックしてオンにします。

HINT

写真のタイトルと説明

ライブラリモジュールのメタデータパネルで、写真の<タイトル>と<説明>を入力しておくと、flickrのページ上でも表示されます。<タイトル>が未記入の場合は、ファイル名が<タイトル>として表示されます。

6 自慢の写真をみんなに見せよう

224

3 写真を公開する

1 ライブラリモジュールのグリッド表示で、公開したい写真を選択し、

2 公開サービスパネルの＜Flickr＞の下に新しく表示された＜Photostream＞にドラッグ&ドロップします。

3 ＜Photostream＞をクリックし、

4 ＜公開＞をクリックします。

5 写真のアップロードが開始されます。

6 アップロードが終了したら、ここをクリックします。

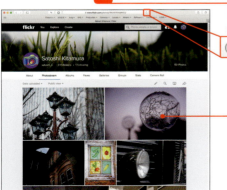

7 Webブラウザーの「Photostream」のページが再読み込みされ、公開した写真が表示されます。

HINT

写真の公開と削除

＜Photostream＞に写真を追加するには、ライブラリモジュールの＜グリッド表示＞で追加したい写真を選択し、公開サービスパネルの＜Flickr＞の＜Photostream＞にドラッグ&ドロップし、＜Photostream＞をクリックして、＜公開＞をクリックすると、追加した写真がアップロードされます。公開中の写真を削除したいときは、＜Photostream＞をクリックし、削除したい写真を選択してDeleteまたはBackspaceを押して、写真を取りのぞいてから＜公開＞をクリックします。いずれの場合も、＜公開＞をクリックしないと操作は反映されないので注意してください。

MEMO

設定を変更する

作成したアカウントの変更や削除などを行うには、公開サービスパネルのサービス名の部分をダブルクリックするか、右クリック（Macではcontrol＋クリック）し、表示されたメニューから＜設定を編集＞をクリックして＜Lightroom公開マネージャー＞を開きます。

ブックモジュールでオリジナルの写真集を作ろう

| CC | RAW | ブックモジュール |
| Classic | JPEG | Blurb |

Lightroom Classic CCのブックモジュールでは、かんたんな手順で**オリジナルの写真集**をデザインできます。作成したデータをBlurb.comに送信すると、数週間で世界で1冊だけの写真集が届きます。

1 自動レイアウトされたコレクションの写真を並べ直す

あらかじめコレクションを作成して、写真集に載せたい写真をまとめています。

1 ライブラリモジュールのグリッド表示で、作成した<コレクション>(ここでは「ブック用」)をクリックし、

2 モジュールピッカーの<ブック>をクリックします。

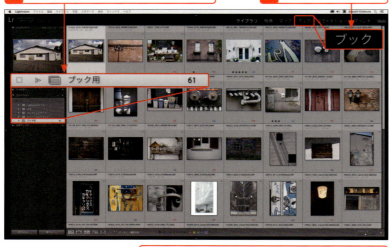

「Blurbは現在の言語をサポートしていません」画面が表示された場合は、<OK>をクリックします。

3 自動レイアウト機能によって、自動的にページが作成されます。

4 ツールバーの<サムネール>のスライダーを左いっぱいにドラッグして、

MEMO

Blurbについて

「Blurb」は、オンデマンド写真集などの制作や販売を行うインターネットサービスです。ブックモジュールに移行する際に、「Blurbは現在の言語をサポートしていません」と表示されますが、日本語のテキスト入力は可能ですし、日本への発送も受け付けています。詳しくは、ブック設定パネルの<詳細情報>をクリックして、Blurbのウェブサイトでご確認ください(英語のみです)。

HINT

ページ数と写真の数の制限

Blurbで作成できる写真集のページ数は20〜240ページです。1ページに複数の写真をレイアウトすることもできるので、1,000枚以上の写真を掲載できます。

5 縮小表示にします。

6 ページ上の写真をドラッグ&ドロップして、載せたいページに移動させます。

7 移動先にあった写真と入れ替わります。

8 同じようにして、すべての写真を並べ直します。

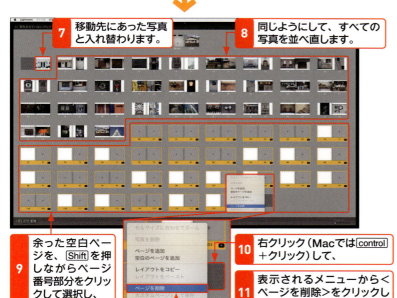

9 余った空白ページを、Shiftを押しながらページ番号部分をクリックして選択し、

10 右クリック（Macではcontrol＋クリック）して、

11 表示されるメニューから＜ページを削除＞をクリックします。

STEPUP

写真の並び順について

ページに並ぶ写真はライブラリモジュールのグリッド表示での順番どおりにレイアウトされます。あらかじめ、手動で表示順を変更しておくと効率的です。＜グリッド表示＞で写真を任意の順番に並べ替えるには、いずれかの写真をほかの位置にドラッグ＆ドロップします（ツールバーの＜並べ替え＞が＜カスタム並べ替え＞に変わります）。

MEMO

初期設定のレイアウト

初期設定では、＜左側に空白、右側に1枚の写真＞というプリセットが適用されます。初期設定を変更することで、空いている左側のページにも写真をレイアウトすることができます。

★HINT

ページの増減と移動

ページを移動したいときは、クリックして選択し、任意の場所にドラッグ＆ドロップします。ページの追加は、ページを右クリック（Macではcontrol＋クリック）し、＜ページを追加＞（選択しているページのレイアウトが適用されます）または＜空白のページを追加＞（レイアウトなしのページが挿入されます）をクリックします。選択しているページを削除したいときは、右クリックして＜ページを削除＞をクリックします。

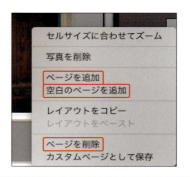

2 表紙や各ページのレイアウトを整えてテキストを入力する

1 表紙をクリックして選択して、

2 ツールバーの<スプレッド表示>をクリックします。

3 <フィルムストリップ>を表示して、

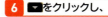

4 表紙に使いたい写真をドラッグ＆ドロップして入れ替えます。

5 表紙をクリックして、

6 ▼をクリックし、

7 好みのレイアウトをクリックして選択すると、

STEPUP

レイアウトの変更①

本文ページのレイアウトを変更したいときは、ページをクリックして選択し、▼クリックして表示されるメニューから選択します。表紙、裏表紙と違って、グループに分かれています。1ページに2枚の写真をレイアウトしたい場合は、<2枚の写真>をクリックして好みに合ったレイアウトをクリックします。

STEPUP

レイアウトの変更②

1ページに複数の写真をレイアウトしたいときは、上のSTEPUPを参考に、希望するレイアウトを選択し、追加されたセル（写真をレイアウトする領域）に<フィルムストリップ>から写真をドラッグ＆ドロップします。

228

自慢の写真をみんなに見せよう

8 表紙／裏表紙のレイアウトが変更されます。

同じようにして、各ページのレイアウトも変えられます。

9 ＜テキスト入力エリア＞をクリックして、

10 写真集のタイトルなどを入力します。

種類パネルで、文字の大きさや色、配置などを設定できます。

11 各ページにも、表紙と同じように写真のタイトルや説明文を入力できます。

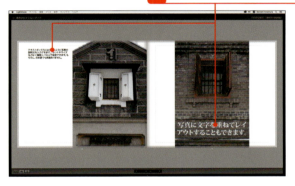

3 完成したブックをBlurb.comに送信する

1 右側パネル下部の＜ブックをBlurbに送信＞をクリックします。

2 Blurb.comにサインインまたは登録して、＜ブックをアップロード＞をクリックします。

MEMO

テキストの設定

各ページの写真に添えるタイトルや説明文といったテキストも、種類パネルでフォントやサイズ、文字色などを設定できます。

HINT

アップロードする前にPDFに書き出して確認する

左側のパネルの＜ブックをPDFに書き出し＞をクリックすることで、作成した写真集の内容をPDFとして書き出せます。データをBlurbに送信する前に、写真の順番やテキストの内容などを、PDFで確認しておくと安心です。

HINT

Blurbアカウントについて

Blurbで写真集を作成するにはBlurbのアカウントが必要となります。＜ブックをBlurbに送信＞をクリックすると、サインインを求める画面が表示されるので、左下の＜メンバーではない場合＞をクリックしてアカウントを作成してください。作成後は表示される手順にしたがって＜ブックをアップロード＞を実行します。データのアップロードが終了したら、Webブラウザーで写真集の体裁を設定します。以降は画面の指示にしたがって、連絡先や支払い方法、発送方法などを入力して完了となります。完成した写真集は、最短10日ほどで到着します。

89 ブックモジュールでオリジナルの写真集を作ろう

6 自慢の写真をみんなに見せよう

229

スライドショーを動画にして楽しもう

| CC | RAW | スライドショー |
| Classic | JPEG | ビデオを書き出し |

スライドショーは、パソコンを使った写真の観賞法の1つです。Lightroom Classic CCでは、静止画だけでなく**動画**も含めたスライドショーが作成できるほか、動画として保存することも可能です。

1 テンプレートを利用してスライドショーを作成する

あらかじめコレクションを作成して、スライドショーに使いたい写真をモニター画面の横縦比に合わせて、16：10比率でトリミングしてまとめています。

1 ライブラリモジュールのグリッド表示で、作成した＜コレクション＞（ここでは＜スライドショー用＞）をクリックし、

2 スライドショーモジュールに移行します。

3 テンプレートブラウザーパネルでテンプレート（ここでは＜ワイドスクリーン＞）をクリックして選択します。

4 右側の一番下の再生パネルで、＜スライドの長さ＞や＜クロスフェード＞を設定します。

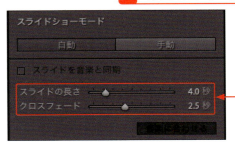

MEMO
スライドショーに使える素材

Lightroom Classic CCのスライドショーは、写真（静止画）だけでなく、動画にも対応しています。ただし、スライドショーの性格上、数秒程度の短いもの（または短く編集したもの）を使うのがおすすめです。また、拡張子が「.mp3」「.m4a」「.m4b」などの音声ファイルをサウンドトラックとして利用することもできます。

HINT
16：10比率にトリミングした理由

使用しているモニターが16：10比率なので、写真を画面いっぱいに表示できるよう、あらかじめトリミングしています。＜ズームしてフレーム全面に拡大＞をオンにした場合、画面の上下が均等にカットされますが、写真によっては不均等にカットしたい場合もあるためです。

MEMO
スライドの長さとクロスフェード

＜スライドの長さ＞は1枚の写真を表示する時間の長さ、＜クロスフェード＞は写真が切り替わる際の重なる時間の長さです。どちらも好みに合わせて調節します。

5 オーバーレイパネルの＜透かし＞をクリックしてオンにし、

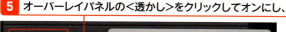
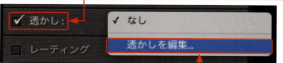

6 ＜なし＞をクリックして＜透かしを編集＞をクリックします。

7 「透かしエディター」画面で＜透かし＞にする文字列を変更し、

8 ＜フォント＞や＜スタイル＞を好みに合わせて変更し、

9 ＜不透明度＞＜挿入位置＞などを設定し、

10 ＜カスタム＞をクリックして、＜現在の設定を新規プリセットとして保存＞をクリックします。

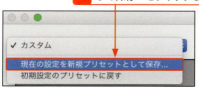

HINT

表示される順番

スライドショーの表示順は、ライブラリモジュールの＜グリッド表示＞の並び順になります。見せる順番を自分で決めたいときは、＜グリッド表示＞の状態で写真をドラッグ＆ドロップして並べ替えます。反対に、再生パネルの＜ランダムな順序＞をクリックしてオンにしておくと、再生される順番がランダムに変わります。

HINT

透かしの設定を やりやすくする方法

透かしエディターのプレビュー画面で透かしの効果がわかりづらいときは、透かしの＜サイズ＞を一時的に＜全体＞に切り替えます。書体や文字色などの＜テキストオプション＞を設定したら、＜プロポーショナル＞をクリックしてもとのサイズに戻します。

STEPUP

パンとズーム

再生パネルの＜パンとズーム＞をクリックしてオンにすると、写真の再生時にパン（画面が上下左右に移動するエフェクト）とズーム（画面を拡大／縮小するエフェクト）が加わり、よりダイナミックなスライドショーが楽しめます。＜パンとズーム＞の効果はスライダーで調節できます。初期設定は最弱ですが、中ぐらいに設定して試してみてから好みに合わせて調整するとよいでしょう。

231

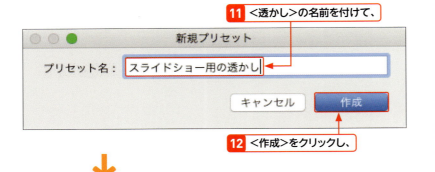

11 <透かし>の名前を付けて、

12 <作成>をクリックし、

13 <完了>をクリックして閉じます。

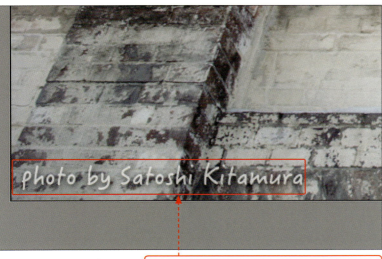

こんなふうに写真の左下に<透かし>が入ります。

MEMO

透かし

「透かし」は写真上に重ねて表示するもので、主に著作権情報を明示するのに使います。盗用を防ぐには大きくアレンジするのが効果的ですが、そのぶん、写真が見づらくなることもあるので注意します。大きくしつつ、薄く(不透明度を低く設定する)ことで主張しすぎないようにする方法もあります。

HINT

ズームしてフレーム全面に拡大

オプションパネルの<ズームしてフレーム全面に拡大>をクリックしてオンにすると、モニター画面いっぱいに写真を拡大して表示します。このオプションをオンにする場合、レイアウトパネルの<縦横比プレビュー>を<スクリーン>に設定します。なお、縦位置の写真は大幅にトリミングされるため、横位置の写真だけにすることをおすすめします。

2 スライドショーを動画として保存する

1 左側のパネル下部の＜ビデオを書き出し＞をクリックします。

2 ＜名前＞を付けて、

3 ＜ビデオプリセット＞を選びます（通常は＜1080p（16：9）＞を選択）。

4 ＜書き出し＞をクリックします。

5 スライドショーの動画が保存されます。

HINT

**イントロ画面と
エンディング画面**

スライドショー開始直後に表示される「イントロ画面」は、スライドショーのタイトル表示にも利用できます。一方、終了前に表示される「エンディング画面」には、撮影者の名前などを表示できます。どちらも初期設定では＜IDプレート＞になっています。自由にカスタマイズできますが、1行だけの表示となるため、あまり長くならないようにします。

HINT

PDFで書き出す

＜ビデオを書き出し＞では画面の比率は16：9または4：3となりますが、＜PDFで書き出し＞では、＜幅＞と＜高さ＞を再生環境などに合わせて変えられます。パソコンでの利用を前提にするなら、こちらのほうが便利です。

233

Section 91 補正が終わった写真をJPEGで書き出そう

`CC` `RAW` 書き出し
`Classic` `JPEG` 保存先

補正が終わって完成した写真をお店で**プリント**したりするには、JPEGやTIFFといった汎用性の高いファイル形式に**変換**する必要があります。ここでは高画質な**JPEG形式**に書き出す方法を説明します。

1 書き出し先のフォルダーを指定する

1 ライブラリモジュールのグリッド表示で書き出したい写真を選択します。

2 <ファイル>メニューをクリックし、

3 <書き出し>をクリックします。

4 「ファイルを書き出し」画面が表示されます。

5 <書き出し先>の<デスクトップ>をクリックして、

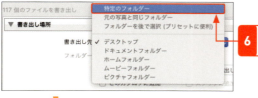

6 <特定のフォルダー>をクリックし、

7 <選択>をクリックして、

8 保存先のフォルダーを選択し、

9 <選択>をクリックします。

KEYWORD

書き出し

カタログ内の写真を別ファイルとして新規に保存することを「書き出し」と言います。RAW形式の写真を汎用性の高い画像形式に変換したり、JPEG形式の写真を補正して別ファイルを作成したりします。あらかじめ<Lightroomプリセット>に用意されているプリセットを選んで書き出すこともできますが、ここでは高画質なJPEG形式での書き出しの手順を、ユーザープリセットとして保存します。

HINT

画像形式について

JPEG形式はファイルサイズの小ささが強みですが、ほかの画像処理ソフトでの加工などを前提にする場合は、画質劣化を抑えやすいTIFF形式やPSD (Photoshop書類)形式で保存します。色空間(カラースペース)は、パソコンやWebでの使用が前提なら「sRGB」を選びます。「Adobe RGB (1998)」や「ProPhoto RGB」は商用印刷向けの選択肢です。

10 <サブフォルダーに保存>がオンになっているのを確認し、

11 サブフォルダー名を<高画質JPEG>に変更します。

2 画質などを設定して書き出す

1 <ファイル設定>の<画質>を「100」に設定します。

2 <メタデータ>の<すべてのメタデータ>をクリックして、

3 <著作権情報のみ>をクリックします。

4 <透かし>をクリックしてオンにし、

5 <シンプルな著作権の透かし>をクリックして、

6 <薄くて大きい透かし>をクリックします。

MEMO
サブフォルダーに保存しない場合

<サブフォルダーに保存>オプションをオフにすると、書き出した写真は指定したフォルダーにそのまま保存されます。

HINT
画像のサイズ調整

ブログなどに使用する写真は、容量の節約や表示の高速化のためにサイズを縮小します。その場合、<ファイル書き出し>の画面で<画像のサイズ調整>のサイズ変更して合わせる>をクリックしてオンにします（同時に<拡大しない>オプションもクリックしてオンにします）。たとえば、<幅と高さ>を選んで、それぞれを「1,000Pixel」にすると、写真の幅または高さの長いほうが1,000ピクセル以下になるようリサイズされます。

HINT
人物と撮影場所の情報

書き出した写真のメタデータ領域には、Lightroomの「キーワード」や人物の顔、撮影場所の情報も記録され、これらには個人情報が含まれる可能性があります。そのため、必要でない限りは<著作権情報のみ>を選択することをおすすめします。メタデータを含める際にも、<人物情報を削除><場所情報を削除>をオンにしておいたほうが安全です。

3 ファイルを書き出す

1 <後処理>の<なにもしない>をクリックして、

2 <Finderで表示>をクリックします（Windowsの場合は、<エクスプローラーで表示>）。

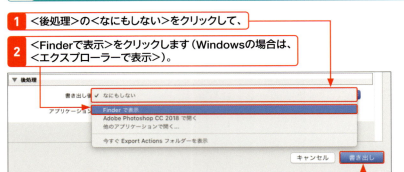

3 <書き出し>をクリックします。

4 書き出しが終了すると、書き出された写真が保存されているフォルダーが開きます。

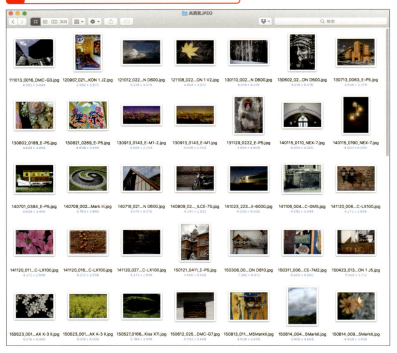

HINT

よく使う設定はプリセットに保存

頻繁に使用する書き出しの設定は、プリセットとして保存しておくと便利です。プリセットを保存するには、画面下の<追加>をクリックして、<プリセット名>を付けて<作成>をクリックします。作成したプリセットは<ユーザープリセット>に保存されます。

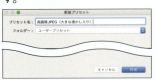

STEPUP

Lightroom CCの場合

Lightroom CCで写真をパソコンなどに保存するには、<ファイル>メニュー→<保存先>をクリックします。「保存」画面で<ファイル形式>や保存する<場所>、写真の<サイズ>（画素数）を設定して、<保存>をクリックします。

6 自慢の写真をみんなに見せよう

付録

Lightroomの そのほかの便利機能

Appendix

01 **Lightroom Classic CCの環境設定**

02 **Lightroom Classic CCのカタログ設定**

03 **Lightroom CCの環境設定**

04 **Lightroom Classic CCのライブラリ表示オプション**

05 **主なショートカットキー**

Appendix 01 Lightroom Classic CCの環境設定

環境設定では、8つのタブにあるさまざまな項目を設定して、Lightroom Classic CCの動作や外観などをカスタマイズします。適切に設定することで、使い勝手が向上します。環境設定は＜編集＞（Macでは＜Lightroom＞）メニューから＜環境設定＞をクリックして表示します。

一般タブ

起動時の動作の設定や読み込むカタログの選択、作業終了時の効果音など、基本的な設定を行います。

❶ 言語

メニューなどの表示言語を選択します。初期設定の＜自動（初期設定）＞では、Lightroom Classic CC の起動時にシステムで使用されている言語が自動的に選択されます。

❷ 設定

起動時にスプラッシュスクリーンを表示：オンにすると、起動時にスプラッシュスクリーンを表示します。好みに合わせて選択します。

更新を自動的に確認：オンにすると、起動時に自動的にアップデートの有無を確認します。現在は、Adobe Creative Cloud.app が管理してくれているので、オフにしておいてもかまいません。

❸ カタログ初期設定

起動時にこのカタログを使用：主に使用するカタログファイルを選択します。初期設定は＜前回のカタログを読み込み＞ですが、複数のカタログを使い分ける場合は＜Lightroom の起動時にダイアログを表示＞にしておくと便利です。また、起動時に Ctrl （Macでは option ）を押していると、一時的にカタログ選択ダイアログボックスが表示されます。

❹ 読み込みオプション

メモリカードの検出時に読み込みダイアログを表示：オンにすると、Lightroom の起動中にメモリーカードやカメラが接続されたときに、自動的に読み込み画面が表示されます。初期設定はオンですが、写真の読み込みにほかのソフトを使用する場合はオフにします。

読み込み中に「現在/前回の読み込み」コレクションを選択：写真の読み込み中にライブラリモジュールのカタログパネルの＜最新/前回の読み込み＞が選択され、読み込み中の写真が順次表示されます。通常はオンのままでかまいません。

フォルダー名を付けるときにカメラが生成したフォルダー名を無視：オンにすると、カメラが作成したフォルダー名を使用しません。必要に応じて選択します。

RAWファイルの隣にあるJPEGファイルを別の写真として処理する：オンにすると、RAW＋JPEG同時記録で撮った2枚の写真（拡張子以外の部分が同一のもの）を別々の写真として扱います。ライブラリモジュールで表示される枚数が増えるのを避けたい場合はオフを選びます。

待機中に埋め込まれたプレビューを標準プレビューに置き換えます：オンにすると、カメラ内で生成された埋め込みプレビューの画像を、マシンパワーに余裕があるときに標準プレビューに置き換えます。

❺ 完了サウンド

写真の読み込みが完了したら再生：読み込みの処理が終わったことを音で知らせます。

テザーの転送が完了したら再生：テザー撮影時に写真の転送が終わったことを音で知らせます。

写真の書き出しが完了したら再生：写真の書き出し処理が終わったことを音で知らせます。

❻ プロンプト

＜処理バージョンの更新＞など、＜再表示しない＞オプションのある警告画面についての設定をリセットします。＜再表示しない＞をクリックしてオンにすると、同じ操作を行っても警告画面は表示されなくなるので煩わしさを軽減できます。＜すべての警告ダイアログを初期化＞をクリックすると、表示されなくなった警告画面が再び表示されるようになります。通常は操作する必要はありません。

プリセットタブ

現像をはじめとするプリセットやテンプレートに関する設定を行います。

❶ 現像の初期設定

カメラのシリアル番号に固有の初期設定を作成する：上級者向けの設定です。オンにすると、同じ機種の製造番号が異なるカメラのそれぞれに対し、個別の初期設定を作成できます。同じ機種を複数使い分けていて、それぞれに設定を変えているときなどに使用します。通常はオフのままでかまいません。

カメラのISO設定に固有の初期設定を作成する：上級者向けの設定です。オンにすると、同じカメラでもISO感度に応じて個別の初期設定を作成できます。低感度と高感度でノイズ軽減などの設定を変えたいときなどに使用します。通常はオフのままでかまいません。

現像の初期設定をすべて初期化：上級者向けの設定です。登録した初期設定をすべて初期化します。カメラごとの初期設定を登録していなければ無視してかまいません。

❷ 場所

プリセットをこのカタログと一緒に保存：オンにすると、以降に作成する各種プリセットが、カタログファイルと同じ場所に保存されます。プリセットも定期的にバックアップしたい場合などに利用します。通常は、初期設定のオフのままでかまいません。

Lightroomプリセットフォルダーを表示：クリックすると、Lightroom Classic CCのプリセットが保存されているフォルダーが開きます。

❸ Lightroom初期設定

初期状態で用意されているプリセットやテンプレートを削除してしまったときに、それぞれの項目をクリックすることで、削除したプリセットなどを復元できます。ただし、操作を取り消すことはできないので注意してください。

外部編集タブ

PhotoshopやPhotoshop Elementsなど、＜写真＞メニューの＜他のツールで編集＞から写真を開く外部編集用のソフトウェアに関する設定を行います。

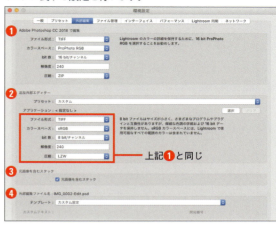

❶ Adobe Photoshop CC 2018で編集

＊パソコンにインストールされているソフトウェアによって、内容は変わります。

ファイル形式：外部編集ソフトに受け渡すファイルの形式を初期設定の＜TIFF＞または＜PSD＞（Photoshop書類）から選択します。＜PSD＞はメタデータの更新の効率が悪くなる場合があります。また、最終的にTIFFやJPEGといった汎用性の高いファイル形式に変換する必要があります。

カラースペース：写真の色空間を＜ProPhoto RGB＞＜Adobe RGB＞＜Display P3＞＜sRGB＞から選択します。色の情報を保持するには＜ProPhoto RGB＞が推奨されますが、通常は、インターネットなどで一般的な＜sRGB＞を使用します。

bit数：RGBの各チャンネルあたりのbit数（階調の細かさ）を＜16bit/チャンネル＞または＜8bit/チャンネル＞から選択します。前者のほうがファイルサイズは大きくなりますが、階調情報の量が多いぶん、外部編集ツールで補正を行ったときの画質劣化を抑えやすくなります。

解像度：外部編集ツールに受け渡す写真の解像度を設定します。主に商用印刷で使用する項目です。通常は、初期設定のままでかまいません。

圧縮：＜ファイル形式＞が＜TIFF＞のときだけ表示される項目です。圧縮を行うとファイルサイズが小さくなりますが、互換性が低くなるため、通常は＜なし＞に設定することをおすすめします。

❷ 追加外部エディター

プリセット：よく使う＜ファイル形式＞や＜カラースペース＞＜bit数＞＜解像度＞＜圧縮＞の組み合わせをプリセットとして登録、選択できます。必要に応じて設定します。

239

アプリケーション：Photoshop以外の＜追加外部エディター＞を登録したときに、ここにソフトウェアの名称が表示されます。登録するには＜選択＞をクリックし、登録したいソフトウェアを選んで＜選択＞をクリックします。＜クリア＞をクリックすると、登録を解除できます。

❸ 元画像を含むスタック

オンにすると、外部編集ツールに受け渡す写真を、もとの写真と「スタック」としてグループ化します。通常はオンのままにしておきます。

❹ 外部編集ファイル名

テンプレート：外部編集ツールに受け渡す写真のファイル名を設定します。初期設定では、もとのファイル名に「-Edit」が追加されます。設定を変更するには、＜カスタム設定＞をクリックして、＜編集＞をクリックし、＜ファイル名テンプレートエディター＞を開きます。

ファイル管理タブ

ファイル名や拡張子などのほか、メタデータの区切り文字などについての設定を行います。

❶ DNG読み込み時の設定

ファイル拡張子：ファイルの拡張子（ファイル名の「.」の後ろの3文字）を、小文字の「dng」または大文字の「DNG」から選択します。好みに合わせて選択します。
互換性：DNG形式のファイルを読み込めるCamera RAWのバージョンを指定します。古いバージョンのソフトウェアでも開けるようにしたい場合は、対応するバージョンを選択します。初期設定の＜Camera RAW 7.1以降＞では、Camera RAW 7.1以降、Lightroom 4.1以降で読み込みが可能です。通常は、初期設定のままでかまいません。
JPEGプレビュー：DNG形式のファイルに埋め込むJPEGプレビューを、＜なし＞＜標準サイズ＞＜フルサイズ＞から選択します。＜フルサイズ＞を選ぶとファイルサイズも大きくなります。通常は、初期設定の＜標準サイズ＞のままでかまいません。
高速読み込みデータを埋め込み：オンにすると、現像モジュールで写真を高速に読み込めるようになります。ただし、ファイルサイズは大きくなります。通常は、初期設定のオンのままでかまいません。
オリジナルRAWファイルを埋め込む：オンにすると、DNGファイルの中にオリジナルのRAW形式のファイルを埋め込みます。オリジナルのRAW形式のファイルの散逸を防げますが、ファイルサイズはとても大きくなります。

❷ メタデータの読み込み

'.'をキーワードの区切り文字として使用、'/'をキーワードの区切り文字として使用：オンにすると、「.（半角ピリオド）」や「/（半角スラッシュ）」をキーワードの階層として認識させる区切り文字として使用できます。通常は、オフのままでかまいません。

❸ ファイル名の生成

次の文字は無効とする：パソコンのOSがファイルパスの区切り文字などに使用する記号をファイル名に含めないようにするための設定です。通常は、初期設定のままでかまいません。
ファイル名として不適切な文字を次で置き換える：上の項目で無効にした文字の処理を設定します。初期設定の＜ダッシュ＞ではすべて「-（半角ダッシュ）」に置き換えられます。＜類似の文字＞を選ぶと、禁止文字が自動的に全角に変換されます。もとの文字が判別できるので便利です。
ファイル名にスペースが含まれている場合：ファイル名に半角スペースが含まれているときに、「アンダースコア（_）」または「ダッシュ（-）」で置き換えるように設定できます。通常は、初期設定の＜そのままにする＞でかまいません。

インターフェイスタブ

Lightroom Classic CCの外観および各種の表示についての設定を行います。

❶ パネル

終了マーク：左右のパネルの最下部に＜装飾模様（小）＞を付加できます。これは初期のLightroomの名残です。通常は、初期設定の＜なし（初期設定）＞でかまいません。

フォントサイズ：左右のパネルの文字の大きさを＜自動（初期設定）＞＜小＞＜中＞＜大-150%＞＜より大きく-200%＞＜最大-250%＞から選択します（Macでは＜小（初期設定）＞または＜大＞から選択）。変更した場合、Lightroom Classic CCの再起動後に有効になります。

❷ 背景光

スクリーンカラー：＜ウィンドウ＞メニューの＜背景光＞で設定できる写真以外の部分の明るさを＜ブラック（初期設定）＞＜グレー（暗）＞＜グレー（中）＞＜グレー（明）＞＜ホワイト＞から選択します。通常は初期設定のままでかまいません。

減光レベル：背景光を暗くするときの1段目の明るさを＜90%＞＜80%（初期設定）＞＜70%＞＜50%＞から選択します。2段目は＜スクリーンカラー＞で指定した明るさになります。通常は初期設定のままでかまいません。

❸ 背景

カラー（塗り）：ライブラリモジュールのルーペ表示や現像モジュールでの写真の背景の色を選択します。写真の見え具合に影響しないよう、通常は、初期設定の＜グレー（中）（初期設定）＞のままにします。マルチモニター環境では、＜メインウィンドウ＞と＜セカンドウィンドウ＞を個別に設定できます。

❹ キーワードエントリ

キーワード区切り文字：キーワードとして入力する語句の区切り文字を、初期設定の＜コンマ＞（,）または＜スペース＞（ ）から選びます。＜スペース＞を選択した場合、スペースを含む語句は引用符で囲って「"San Francisco"」などと入力します。通常は初期設定のままでかまいません。

キーワードタグフィールドのテキストをオートコンプリート：オンにすると、キーワードの入力中に、最近使用したキーワードの候補が表示されます。ただし、有効となるのは半角英数字のみです。通常はオンのままでかまいません。

❺ フィルムストリップ

バッジを表示：オンにすると、＜フィルムストリップ＞の写真に、キーワードが付けられている、トリミングされている、補正されていることを示すバッジ（アイコン）が表示されます。初期設定はオンですが、写真が見づらく感じられる場合はオフにします。

マウスを重ね合わせた時に写真をナビゲーターに表示：オンにすると、＜フィルムストリップ＞の写真にマウスカーソルを重ねたときに、その写真を＜ナビゲーター＞にプレビューします。通常はオンのままでかまいません。

バッジのクリックを無視：オフの状態では、＜フィルムストリップ＞の写真のバッジをクリックしたときに、その機能に移行します（切り抜きバッジをクリックすると、＜切り抜き＞ツールが起動します）。誤ってクリックしたときに反応しないようにするにはオンにします。

写真情報のツールヒントを表示：オンにすると、＜フィルムストリップ＞の写真にマウスカーソルを重ねたときに、撮影時の露出などの情報が表示されます。通常はオンのままでかまいませ

ん。

レーティングと採用フラグを表示：オンにすると、＜フィルムストリップ＞の写真の外枠部分に「レーティング」と「フラグ」が表示されます。通常はオンのままでかまいません。

スタック数を表示：オンにすると、スタックに含まれる写真の枚数が表示されます。初期設定はオンですが、写真が見づらく感じられる場合はオフにします。

❻ 微調整

クリックしたポイントを中央にズーム：オンにすると、ライブラリモジュールのルーペ表示や現像モジュールで写真上をクリックしたときに、クリックした部分が画面の中央になるように拡大します。初期設定のオフでは、クリックした部分がマウスカーソルの位置になるように拡大します。好みに合わせて選びます。

分数表記を使用（Mac）：オンにすると、ライブラリモジュールのルーペ表示や現像モジュールでの「情報オーバーレイ」に表示するシャッタースピードを分数で表記します。好みに合わせて選びます。

マウスまたはトラックパッドを使用して画像間をスワイプ：環境によっては表示されません。初期設定のオンのままでかまいません。

システム環境設定の文字を滑らかにする機能を使用（Windows）：画面に表示される文字がぼやけて見えるときにオンにします。オンにすると、使用しているディスプレイに合わせて文字が滑らかに表示されます。ただし、CPUのパワーを今まで以上に消費し、使用しているパソコンの性能によっては効果が認められない場合もあるので、その場合はオフにしてください。通常は、初期設定のオフでかまいません。

Lightroom Classic CCのカタログ設定

カタログ設定では、カタログファイルの情報を確認できるほか、バックアップの頻度の設定、画面表示を高速化するキャッシュの設定などを行います。カタログ設定は、＜編集＞（Macでは＜Lightroom＞）メニューから＜カタログ設定＞をクリックすることで表示します。

一般タブ

カタログファイルの保存場所や容量などの情報が確認できます。また、バックアップについての設定も行います。

❶ 情報

場所： カタログファイルが保存されている場所（ファイルパス）が表示されます。
表示： クリックすると、カタログファイルが保存されているフォルダーの親フォルダーが開きます。
ファイル名： カタログファイルの名称が表示されます。
作成日： カタログファイルを作成した日付が表示されます。
最後のバックアップ： 前回、カタログファイルをバックアップした日付と時刻が表示されます。
最後の最適化： 前回、カタログファイルを最適化した日付と時刻が表示されます。＜ファイル＞メニューの＜カタログを最適化＞を実行すると、Lightroom Classic CCの動作が速くなる場合があります。通常、カタログファイルのバックアップと同時に行われます。
サイズ： カタログファイルの現在のサイズが表示されます。

❷ バックアップ

カタログのバックアップ： カタログファイルのバックアップの頻度を、＜1ヶ月に1回、Lightroomの終了時＞＜1週間に1回、Lightroomの終了時＞＜1日1回、Lightroomの終了時＞＜Lightroomが終了するたび＞＜Lightroomの次回終了時＞＜常にオフ＞から選びます。通常は、初期設定の＜1週間に1回、Lightroomの終了時＞のままでかまいませんが、使用状況に合わせて設定してください。

ファイル管理タブ

プレビューのための一時ファイル（キャッシュ）などの設定を行います。

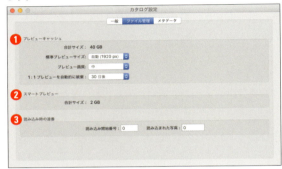

❶ プレビューキャッシュ

合計サイズ： Lightroom Classic CCが作成したプレビュー画像のキャッシュ（ファイル名は「Lightroom Catalog Previews.lrdata」）の容量を表示します。プレビュー画像は、写真を高速で表示するために利用されます。
標準プレビューサイズ： 標準プレビューの画像サイズを設定します。通常、初期設定の＜自動＞でかまいませんが、使用するモニターの長辺の画素数より少し小さいサイズにすることで、動作が軽くなる場合があります。
プレビュー画質： プレビュー画像の画質を＜低＞＜中＞＜高＞から選択します。通常は、初期設定の＜中＞で構いません。
1：1プレビューを自動的に破棄： 写真を1：1で表示したときに作成される「1：1プレビュー」を削除するタイミングを設定します。1：1プレビューは表示の高速化には効果的ですが、サイズが大きいため、ストレージの空き容量を確保するためにも適当なタイミングで削除するのがおすすめです。通常は、初期設定の＜30日後＞でかまいませんが、好みなどに合わせて変更します。

❷ スマートプレビュー

合計サイズ： 作成済みの「スマートプレビュー」の合計容量が表示されます。スマートプレビューは通常のプレビュー画像よりも高画質で、もとの写真にアクセスできない状態で写真の補正を行うのに利用されます。環境設定の＜パフォーマンス＞タブで＜画像編集には、元画像の代わりにスマートプレビューを使用＞をオンにすると、補正中の画質は低下しますが、代わりにパフォーマンスが向上する場合があります。

❸ 読み込み時の連番

読み込み開始番号：写真の読み込み時にファイル名を変更する際の、読み込み操作の回数を表示します。上級者向けの項目なので、通常は無視してかまいません。

読み込まれた写真：写真の読み込み時にファイル名を変更した写真の枚数を表示します。こちらも上級者向けの項目なので、通常は無視してかまいません。

メタデータタブ

場所の情報などのメタデータについての設定です。

❶ 編集

最近入力された値から候補を提示：オンにすると、＜キーワード＞や＜サブロケーション＞などを入力する際に、入力履歴から候補が表示されます。ただし、対象となるのは半角英数字のみです。必要に応じて切り替えます。

候補リストをすべて消去：最近入力した＜キーワード＞や＜サブロケーション＞などの履歴データを消去します。通常は操作する必要はありません。

JPEG、TIFF、PNG、およびPSDファイル内のメタデータに現像設定を含める：オンにすると、現像モジュールで調整した内容が写真のメタデータに記録されます。上級者向けの項目なので、通常は無視してかまいません。Lightroom Classic CCでの補正内容を確認するには、その写真をPhotoshopで開き、＜ファイル＞メニューから＜ファイル情報＞をクリックして、＜Rawデータ＞をクリックします（オレンジ色に反転させた部分が基本補正パネルの＜階調＞と＜外観＞に相当する部分です）。

変更点をXMPに自動的に書き込む：オンにすると、キーワードなどのメタデータの変更内容が自動的にXMP（Extentible Metadata Platform）サイドカーファイルに記録されるようになり、XMPに対応するほかのソフトウェアで読み取ることができます。上級者向けの項目で、初期設定はオフになっています。なお、XMPサイドカーファイルは自動的に生成され、RAWファイルと同じ場所に保存されます。

❷ 住所検索

GPS測定位置の市区町村名、都道府県名および国名を検索して、住所を提案：オンにすると、緯度や経度の情報から逆ジオコーディングによって住所を割り出して、メタデータパネルの＜国名＞＜都道府県名＞＜市町村名＞欄に自動的に候補が入力されます。通常は、初期設定のオンのままでかまいません。

住所フィールドが空白のときは常に住所の提案を書き出す：オンにすると、写真を書き出すときに、緯度や経度の情報から逆ジオコーディングによって割り出した住所が入力されます。住所の入力欄が空白のときのみ有効となります。初期設定はオンですが、個人情報を保護するためにはオフにしておくことをおすすめします。

❸ 顔検出

すべての写真で顔を自動的に検出：オンにすると、カタログ内のすべての写真について、人物の顔を自動的に検出します。初期設定はオフですが、顔検出が必要な場合はオンにします。

❹ Exif

独自仕様のRAWファイルに日付または時刻の変更を書き込む：オンにすると、撮影日時を変更したときに、RAWファイルに直接書き込みます。初期設定はオフですが、必要に応じてオンにしてください。

Lightroom CCの環境設定

Lightroom CCの環境設定では、アカウント情報やローカルストレージの空き容量などの確認のほか、インターフェイスのカスタマイズなどが行えます。環境設定は、＜編集＞（Macでは＜Adobe Lightroom CC＞）メニューから＜環境設定＞をクリックして表示します。

アカウント

アカウント管理画面へのリンク、クラウドストレージの空き容量などが確認できます。

1 ユーザー名
使用しているユーザーの名と姓です。

2 メールアドレス
Adobe IDとして使用しているメールアドレスが表示されます。

3 アカウント管理
クリックするとWebブラウザーが起動して、アカウント管理画面にアクセスできます。

4 クラウドストレージ
契約しているプランのストレージ容量、空き容量などの情報が表示されます。

ローカルストレージ

パソコンのストレージの空き容量や、キャッシュなどのオプション設定を行います。

1 ローカルストレージ
使用しているパソコンの内蔵ストレージの空き容量を表示します。

2 オプション

写真のキャッシュサイズを指定： 画面表示を高速化するためのキャッシュの最大容量を設定します。■をクリックすると数値を「5％」ずつ増減できます。数値の部分をクリックすることで直接数値を入力することもできます。通常は、初期設定の「25％」のままでかまいませんが、写真の枚数が多くなって、動作が遅くなったと感じたら数値を増やしてみてください。

"C（MacではMacintosh HD）"にすべてのスマートプレビューをローカル保存します：「スマートプレビュー」は、高画質タイプのプレビュー画像で、これをローカル環境（パソコン）に保存することでクラウドストレージへのアクセスを減らすことができ、快適な動作を可能にします。そのぶん、パソコンの内蔵ストレージの空き容量は減ります。

すべての元画像を指定された場所に保存します： クラウドストレージ上にあるオリジナルの写真を、指定された場所にダウンロードして保存します。ローカルストレージの空き容量に余裕がある場合は、これをオンにすることでより快適な動作となります。

元画像の保存場所： ダウンロードした元画像を保存する場所を表示します。

参照： クリックすると元画像の保存場所を変更できます。変更後はLightroom CCの再起動が必要となります。また、初期設定の保存場所に戻すための＜初期化＞ボタンが表示されます。

一般

同期中のスリープやグラフィックプロセッサの使用など、システム関連の設定を行います。

❶ オプション

電源に接続している間は同期中にシステムをスリープ状態にしない: ノートパソコン向けの設定で、オンにすると、電源に接続して同期中にはスリープしません。バッテリーの消耗を気にしなくてよい状態のときに限って、スリープさせずに同期を続けることができます。

グラフィックプロセッサを使用: パソコンに搭載されているグラフィックプロセッサ（GPU）を使用して処理速度を高められるオプションです。初期設定ではオフになっていますが、GPUを搭載している場合はオンにします。有効なGPUが検出されると、名称が表示されます。

システム情報: 使用しているパソコンのCPUやメモリ容量などのハードウェアおよびOSのバージョンなどのシステム関連の情報が確認できます。

詳細情報: クリックすると、Adobeの「GPU troubleshooting and FAQ」ページが表示されます。Lightroomでどのように GPUが活用されているか、といった情報が確認できます（英語ページです）。

❷ 読み込み

読み込み画像に著作権情報を追加: 写真を読み込む際に、自動的に著作権情報を追加することができます。クリックしてオンにしてから、下のテキスト入力エリアに著作権者名を入力します。

インターフェイス

Lightroom CCの外観についての設定を行います。

❶ インターフェイス

言語: メニューなどの表示言語を設定します。初期設定の<自動>では、システムと同じ言語が選択されます。

テキストのサイズ: 左右のパネルの文字の大きさの設定で、<小（初期設定）>と<大>（Windowsでは<100%>～<400%>）から選択します。変更後はLightroom CCの再起動が必要です。

パネルトラック: 初期設定の<自動>では、右のパネルを開くと左のパネルが自動的に閉じますが、<手動>にすると、左右のパネルを両方同時に開いておくことができます。好みなどに合わせて設定します。<編集>パネルを開いたまま、アルバムを切り替えて別の写真を編集したいときなどには便利です。

マウスまたはトラックパッドを使用して画像間をスワイプ: 環境によっては表示されません。初期設定のオンのままでかまいません。

❷ プロンプト

警告ダイアログとヒントをすべて初期化: <再表示しない>オプションのある警告ダイアログについての設定をリセットします。<再表示しない>をクリックしてオンにすると、同じ操作を行っても警告ダイアログは表示されなくなるので煩わしさを軽減できます。<初期化>をクリックすると、表示されなくなった警告ダイアログが再び表示されるようになります。通常は操作する必要はありません。

Lightroom CCを再起動: ダウンロードした<元画像の保存場所>や、インターフェイスの<テキストのサイズ>を変えたときに、変更を有効にするためにLightroom CCを再起動します。

Appendix 04 Lightroom Classic CCのライブラリ表示オプション

<表示オプション>では、ライブラリモジュールのグリッド表示やルーペ表示の表示スタイルを設定できます。カスタマイズしておくと、より使いやすくなります。<表示オプション>は、ライブラリモジュールの画面で、<表示>メニューの<表示オプション>をクリックすることで表示できます。

グリッド表示タブ

❶ グリッドエクストラを表示

オンにすると、さまざまな情報表示を行います。初期設定の<コンパクトセル>よりも、情報量の多い<拡張セル>が使い勝手の面でおすすめです。

❷ オプション

クリック可能な項目をマウスを合わせたときのみ表示：オンにすると、<フラグ><レーティング><カラーラベル><回転>などを、マウスカーソルを重ねたときだけ表示します。オフにするとこれらは常時表示となります。初期設定のオンを選ぶと画面をすっきりさせられます。

グリッドにラベルカラーの色合いをつける：オンにすると、カラーラベルの色が写真の外枠に反映されます。初期設定はオンで、色合いは<20%（初期設定）>です。ただし、外枠部分に色が付くことで写真の色の見え方も変わってしまうので、オフにしておくことをおすすめします。

画像情報のツールヒントを表示：写真にマウスカーソルを重ねてしばらく待つと、写真の情報が表示されます。

❸ セルアイコン

フラグ：オンにすると、<フラグ>が表示されます。

未保存のメタデータ：オンにすると、<キーワード>や<メタデータ>を追加したときに、そのデータが保存されていないことを示すアイコンが表示されます。通常は、オフのままでかまいません。

サムネールバッジ：オンにすると、写真の右下隅に<キーワード><コレクション><切り抜き><現像調整><位置情報>といった小さなアイコンが表示されます。また、左下隅に<仮想コピー>を示すアイコンも表示されます。初期設定はオンですが、写真のサイズが小さいときに見づらくなるので、オフにすることをおすすめします。

クイックコレクションマーカー：オンにすると、写真の右上隅にグレーの丸印で、<クイックコレクション>に含まれる写真であることを示します。<サムネールバッジ>をオンにしたときだけ選択できます。

❹ コンパクトセルエクストラ

<コンパクトセル>表示用の設定です。

インデックス番号：オンにすると、写真の外枠部分に表示している写真の何枚目かを示すインデックス番号が表示されます。初期設定はオンですが、とくに重要なものでもないので、好みに合わせて選びます。

回転ボタン：オンにすると、写真の向きを左右に90度ずつ回転できるボタンが表示されます。初期設定はオンですが、好みに合わせて設定します。

上部ラベル：オンにすると、写真の上側に指定した情報が表示されます。初期設定はオフですが、<ファイル名>や<ファイルベース名>などにしておくのがおすすめです。

下部ラベル：オンにすると、写真の下側に指定した情報が表示されます。初期設定では<レーティングとラベル>が指定されています。これも好みなどに応じて設定します。

❺ 拡張セルエクストラ

<拡張セル>表示用の設定です。

ヘッダーとラベルを表示：オンにすると、写真の外枠上部のヘッダー領域に、最大4種類の情報を表示できます。<ファイル名><ファイルベース名><露出とISO>などを設定しておくと便利です。オフにすると、ヘッダー領域がなくなります。

初期設定を使用：クリックすると、カスタマイズした内容をリセットして、初期設定の状態に戻します。

フッターにレーティングを表示：オンにすると、写真の外枠下

246

部のフッター領域に＜レーティング＞を表示します。オフにすると、フッター領域がなくなり、以下の2項目は選択できなくなります。

カラーラベルを含める：オンにすると、フッター領域に＜カラーラベル＞が表示されます。

回転ボタンを含める：オンにすると、フッター領域の両端に＜回転ボタン＞が表示されます。

ルーペ表示タブ

❶ 情報オーバーレイを表示

オンにすると、写真を表示するエリアの左上に、指定した情報が表示されます。表示内容は＜情報1＞＜情報2＞の2種類を設定でき、2つを切り替えて使用できます。ここで設定した内容がグリッド表示のツールヒントで表示されます。

❷ 情報1

ファイル名とコピー名：写真のファイル名が表示されます。仮想コピーには＜コピー1＞などの文字列が追加されます。

撮影日時：写真を撮影した年月日および時分秒が表示されます。

現在の寸法：トリミング後の写真の横のピクセル数と縦のピクセル数が表示されます。

写真が変わったときに一時的に表示：＜情報オーバーレイを表示＞がオフのときだけ選択できます。オンにすると、写真を切り替えたときに4～5秒ほど情報を表示します。初期設定はオフですが、好みなどに合わせて選びます。

❸ 情報2

露出とISO：その写真を撮ったときのシャッタースピードと絞り値、ISO感度が表示されます。

レンズ設定：その写真を撮ったレンズの名称、焦点距離などが表示されます。表示する内容は、使用したカメラやレンズによって異なります。

❹ 一般

写真の読み込み時または描画時にメッセージを表示：オンにすると、ルーペ表示に切り替えたときなどに、写真を読み込んでいる途中であることを示す「読み込み中」メッセージを表示します。通常は、初期設定のオンのままでかまいません。

ビデオ時間を表示する際にフレーム番号を表示：オンにすると、動画の撮影時間表示が「分：秒：フレーム」表示になります。オフにすると、「分：秒（小数点1桁表示）」となります。好みなどに応じて選択します。

ドラフト画質でHDビデオを再生：オンにすると、ハイビジョン動画の画質を落として再生します。パソコンの処理能力の不足によってコマ落ちが発生するような場合に、滑らかに再生できるようになります。初期設定はオフですが、パソコンの処理能力に不安がある場合はオンにします。

247

Appendix 05 主なショートカットキー

Lightroomの機能の多くには、すばやくアクセスできるショートカットキーが割り当てられています。よく使う機能のショートカットキーを覚えることで、作業効率を大幅に上げられます。ここでは、Lightroom Classic CCとLightroom CCの主なショートカットキーを紹介します。

Lightroom Classic CCのショートカットキー

Lightroom Classic CCの＜ヘルプ＞メニューには、ショートカットキーを一覧できる項目（＜××のショートカット＞）があり、クリックすることで使用中のモジュールのショートカットキーが一覧できます。ただし、表示されるのはそのモジュールの項目のみとなるので、現像モジュールのショートカットキー一覧を見たいときには現像モジュールに移行する必要があります。

●パネル／モジュール操作／カタログの管理関連

内容	Windows	Mac
サイドパネルを表示／非表示	Tab	tab
モジュールピッカーを表示／非表示	F5	F5
フィルムストリップを表示／非表示	F6	F6
左側パネルを表示／非表示	F7	F7
右側パネルを表示／非表示	F8	F8
環境設定を開く	Ctrl + ,	command + ,
カタログ設定を開く	Ctrl + Alt + ,	command + option + ,
ディスクから写真を読み込む	Ctrl + Shift + I	command + shift + I
選択されている写真を書き出し	Ctrl + Shift + E	command + shift + E
Photoshopで編集	Ctrl + E	command + E
写真を結合（HDR）	Ctrl + H	control + H
写真を結合（パノラマ）	Ctrl + M	control + M

●表示とスクリーンモードの変更関連

内容	Windows	Mac
ライブラリのルーペ表示に切り替える	E	E
ライブラリのグリッド表示に切り替える	G	G
ライブラリの比較表示に切り替える	C	C
ライブラリの選別表示に切り替える	N	N
ライブラリの人物表示に切り替える	O	O
選択されている写真を現像モジュールで開く	D	D

●ライブラリモジュールでの写真の表示や操作関連

内容	Windows	Mac
写真を右に回転（時計回り）	Ctrl +]	command +]
写真を左に回転（半時計回り）	Ctrl + [	command + [
グリッドのサムネールのサイズを拡大／縮小	; / . / ,	; / ,
情報オーバーレイを切り替え	I	I
ライブラリ表示オプションを開く	Ctrl + J	command + J
スタックでグループ化	Ctrl + G	command + G

付録 Lightroomのそのほかの便利機能

248

内容	Windows	Mac
スタックを解除	Ctrl + Shift + G	command + shift + G
仮想コピーを作成	Ctrl + Y	command + Y
エクスプローラーまたは Finder で表示	Ctrl + R	command + R
写真の名前を変更	F2	F2
選択されている写真を削除	Backspace または Delete	delete

●写真の管理のための設定関連

内容	Windows	Mac
レーティングを設定	1 - 5	1 - 5
レーティングを削除	0	0
赤黄緑青ラベルを割り当て	6 - 9	6 - 9
写真に採用フラグを立てる	A	A
写真に除外フラグを立てる	X	X
写真のフラグをはずす	U	U
ライブラリフィルターバーを表示／非表示	¥	¥
キーワードを追加	Ctrl + K	command + K
キーワードを編集	Ctrl + Shift + K	command + shift + K

●現像モジュールでの操作関連

内容	Windows	Mac
ホワイトバランスツールを選択	W	W
切り抜きツールを選択	R	R
切り抜きの角度補正ツールの方向を縦または横に切り替え	X	X
スポット修正ツールを選択	P	P
補正ブラシツールを選択	K	K
段階フィルターツールを選択	M	M
円形フィルターツールを選択	Shift + M	shift + M
ブラシAまたはBから消去ブラシに一時的に切り替え	Alt + ドラッグ	option + ドラッグ
現像設定をコピー	Ctrl + Shift + C	command + shift + C
現像設定をペースト	Ctrl + Shift + V	command + shift + V

●プリント関連

内容	Windows	Mac
プリント（印刷）ダイアログボックスを開く	Ctrl + P	command + P
プリントする	Ctrl + Alt + P	command + option + P
ページ設定（プリンターの設定）ダイアログボックスを開く	Ctrl + Shift + P	command + shift + P

●ヘルプの操作に使用するショートカットキー

内容	Windows	Mac
Lightroom Classic CC ヘルプ	F1	F1
現在のモジュールのヘルプを表示	Ctrl + Alt + /	command + option + shift + /
現在のモジュールのショートカットを表示	Ctrl + /	command + /

Lightroom CCのショートカットキー

●画面表示関連

内容	Windows	Mac
写真グリッド	G	G
正方形グリッド	G	G
ディテール	D	D
ディテール - フルスクリーン	F	F
フィルムストリップ	/	/
ズームイン	Ctrl + .	command + .
ズームアウト	Ctrl + -	command + -
ズームを切り替え	スペース	スペース
マイフォト	P	P
編集	E	E
情報	I	I
キーワード	K	K
左回転	Ctrl + [	command + [
右回転	Ctrl +]	command +]

●ファイル／セレクト関連

内容	Windows	Mac
写真を追加	Ctrl + Shift + I	command + shift + I
マイフォトを検索	Ctrl + F	command + F
Photoshopで編集	Ctrl + E	command + E
Lightroomカタログを移行	Ctrl + Shift + M	command + shift + M
写真を削除	Alt + Delete	option + delete
アルバムから写真を削除	Delete	delete
レーティングを設定	0 - 5	0 - 5
フラグなし	U	U
採用フラグを立てる	Z	Z
除外フラグを立てる	X	X
フラグを1段階上げる	Ctrl + ↑	command + ↑
フラグを1段階下げる	Ctrl + ↓	command + ↓

●写真の編集関連

内容	Windows	Mac
自動設定	Shift + A	shift + A
元画像に戻す	Shift + R	shift + R
切り抜きと回転ツール	C	C
修復ブラシツール	H	H
ブラシツール	B	B
線形グラデーションツール	L	L

内容	Windows	Mac
円形グラデーションツール	R	R
オーバーレイを表示ツール	O	O
ホワイトバランスツール	W	W
ガイド付き Upright ツール	Shift + G	shift + G
ヒストグラムパネル	Ctrl + 0	command + 0
プロファイル	Ctrl + 1	command + 1
ライトパネル	Ctrl + 2	command + 2
カラーパネル	Ctrl + 3	command + 3
効果パネル	Ctrl + 4	command + 4
ディテールパネル	Ctrl + 5	command + 5
レンズパネル	Ctrl + 6	command + 6
ジオメトリパネル	Ctrl + 7	command + 7
プリセットブラウザー	Shift + P	shift + P
取り消し	Ctrl + Z	command + Z
やり直し	Ctrl + Shift + Z	command + shift + Z
カット	Ctrl + X	command + X
コピー	Ctrl + C	command + C
ペースト	Ctrl + V	command + V

● 環境設定／ヘルプ

内容	Windows	Mac
環境設定	Ctrl + ,	command + ,
Lightroom CC ヘルプ	F1	F1

索引

数字　アルファベット

16bit 出力 …………………………………………………… 216
Adobe Photoshop CC 2018 で編集
　（環境設定：外部編集タブ）…………………………… 239
Adobe Sensei ……………………………………… 23, 198
Adobe カラー ………………………………………………… 66
Adobe 標準 …………………………………………………… 66
B&W パネル ………………………………………… 117, 131
Blurb ………………………………………………………… 226
Blurb アカウント ………………………………………… 229
DNG 形式 …………………………………………………… 170
DNG 形式でコピー …………………………………………… 35
DNG 読み込み時の設定
　（環境設定：ファイル管理タブ）……………………… 240
dpi …………………………………………………………… 216
Exif（カタログ設定：メタデータタブ）………………… 243
EXIF 情報 …………………………………………………… 204
flickr ………………………………………………………… 222
GPS トラックログ ………………………………………… 202
HDR ………………………………………………… 143, 172
HDR 合成 …………………………………………………… 172
HSL ………………………………………………………… 134
HSL ／カラーパネル ………………………………………… 53
JPEG 画質 ………………………………………………… 217
JPEG 形式 ………………………………………………… 234
JPEG ファイル ……………………………………………… 217
Lightroom CC プラン ……………………………………… 16
Lightroom 公開マネージャー …………………………… 223
Lightroom 初期設定（環境設定：プリセットタブ）……… 239
Lightroom フォルダー ……………………………………… 32
PDF ………………………………………………………… 233
Photoshop ………………………………………………… 176
Photostream ……………………………………………… 225
PL（偏光）フィルター ……………………………………… 86
ppi …………………………………………………………… 216
PSD 形式 …………………………………………………… 234
RAW ………………………………………………………… 22
RAW ＋ JPEG 同時記録 …………………………………… 34
RAW 現像 …………………………………………………… 22
SimpleLogger ……………………………………………… 202
TIFF 形式 …………………………………………………… 234
Upright ツール …………………………………………… 124
Web モジュール …………………………………… 43, 220
Yahoo! アカウント ………………………………………… 222

あ～お

アカウント管理（環境設定：アカウント）……………… 244
アップロード …………………………………………… 225, 229

アルバム（Lightroom CC）………………………………… 199
アルバムから写真を削除…………………………………… 220
アルバムパネル……………………………………………… 199
アルバムを作成…………………………………… 199, 218
位置情報……………………………………………………… 202
一般タブ（アルバム設定）………………………………… 221
移動…………………………………………………………… 35
色温度…………………………………………………… 70, 118
色かぶり補正…………………………………………… 70, 118
色収差………………………………………………………… 98
インターフェイス（環境設定：インターフェイス）………… 245
イントロ画面………………………………………………… 233
遠近法………………………………………………………… 171
円形グラデーション……………………………………… 39, 156
円形フィルター…………………………………… 19, 156, 158
エンディング画面…………………………………………… 233
円筒法………………………………………………………… 171
お気に入りフォルダー……………………………………… 27
オプション（環境設定：一般）…………………………… 245
オプション（環境設定：ローカルストレージ）…………… 244
オンラインアルバム………………………………………… 218

か

階層…………………………………………………………… 206
回転して合わせる…………………………………………… 213
ガイド………………………………………………………… 213
ガイド付き Upright ツール ……………………………… 124
ガイドパネル………………………………………………… 209
外部編集ツール……………………………………………… 176
外部編集ファイル名（環境設定：外部編集タブ）………… 240
顔検出（カタログ設定：メタデータタブ）………………… 243
書き出し……………………………………………………… 234
角度補正……………………………………………………… 101
画質…………………………………………………………… 235
カスタムパッケージ………………………………………… 214
かすみの除去………………………………………………… 86
仮想コピー…………………………………………………… 148
カタログ……………………………………………………… 32
カタログ初期設定（環境設定：一般タブ）……………… 238
カタログパネル……………………………………………… 49
カタログを開く……………………………………………… 47
カメラ情報…………………………………………………… 204
カメラマッチング…………………………………………… 67
カラー（範囲マスク）…………………………………… 167, 169
カラーノイズ………………………………………………… 103
カラーパネル…………………………………… 107, 109, 129
カラーバランス……………………………………………… 137
カラーラベル…………………………………………… 25, 189
監視フォルダー……………………………………………… 180

252

索引

完了サウンド(環境設定:一般タブ) ················· 238

き～こ

キーワード ··· 196
キーワードエントリ(環境設定:インターフェイスタブ) ···· 241
キーワードセット ··· 197
キーワードタグ ··· 196
キーワードパネル ······················· 37, 49, 196
キーワードリストパネル ····················· 49, 196
キーワードを入力 ·· 196
輝度 ··· 107
起動 ··· 32
輝度ノイズ ··· 103
基本補正パネル ······························· 53, 64
逆光 ··· 120
キャリブレーションパネル ······························· 53
球面法 ·· 171
共有 ··· 218
共有タブ(アルバム設定) ······························· 221
共有の停止 ··· 219
切り抜き ·· 100
切り抜き後の周辺光量補正 ············· 115, 121
切り抜きと回転 ··· 38
クイック現像パネル ··· 49
クイックコレクション ······································· 185
クラウド ··· 16
クラウドストレージ ··· 23
クラウドストレージ(環境設定:アカウント) ········· 244
グリッド表示 ··· 50
グリッド表示タブ(ライブラリ表示オプション) ········ 246
グリッドを表示 ··· 123
クリッピングインジケーター ································· 55
クリッピング表示 ······························· 81, 83
クロスフェード ··· 230
クロスプロセス ··· 136
黒つぶれ ····························· 75, 78, 82
黒レベル ··· 82
言語(環境設定:一般タブ) ····························· 238
現在の画像用の設定パネル ··························· 209
検索(キーワード) ··· 197
検索条件 ··· 201
検索の絞り込み ··· 191
検索バー ··· 198
現像の初期設定(環境設定:プリセットタブ) ········· 239
現像モジュール ······························· 52, 56
公開 ··· 218
公開サービスパネル ··· 49
効果パネル ··· 53
候補キーワード ··· 197

ゴースト除去 ··· 173
コピー ··· 35
コピースタンプ ··· 175
コメントパネル ··· 49
コレクション ····························· 27, 192
コレクションセット ··· 193
コレクションパネル ················· 49, 53, 209
コレクションを公開 ··· 21
コンタクトシート ··· 215
コントラスト ··· 74
コントロールポイント ··· 95

さ～そ

サイズ(フィルターブラシ) ······························· 161
彩度 ··································· 30, 88, 107
採用フラグ ··· 184
削除タブ(アルバム設定) ································· 221
参照写真のロック ··· 59
参照ビュー ··· 59
色域セレクター ····················· 119, 167, 169
色相 ··································· 30, 107
自然な彩度 ··· 89
自動マスク(フィルターブラシ) ············· 161, 163
自動読み込み ··· 180
シャープ ··························· 102, 113
シャープ(プリント用) ······················· 216, 217
写真共有サイト ··· 223
写真グリッド ··· 36
写真集 ·· 226
写真の削除 ··· 185
写真の読み込み ··· 34
写真名を一括変更 ··· 194
シャドウ ··· 78
住所検索(カタログ設定:メタデータタブ) ············ 243
修復 ··· 175
修復ブラシ ··· 174
周辺光量補正 ··· 115
終了 ··· 33
出力先 ····························· 216, 217
定規 グリッド ガイドパネル ··············· 209, 215
消去(フィルターブラシ) ································· 161
情報(カタログ設定:一般タブ) ························· 242
情報パネル ··· 37
除外フラグ ··· 184
初期化 ··· 53
白飛び ····························· 75, 76, 80
白レベル ··· 80
新規カタログ ··· 46
ズームして合わせる ··· 213

253

索引

INDEX

ズームしてフレーム全面に拡大 ……………… 232
透かし …………………………………………… 232
透かしエディター ……………………………… 231
スタック ………………………………………… 149
スナップショット ……………………………… 61
スナップショットパネル ……………………… 53
スポット修正 …………………………………… 174
スマートコレクション ………………………… 200
スマートフォン ………………………………… 40
スマートフォン用GPSアプリ ………………… 202
スマートプレビュー
　（カタログ設定：ファイル管理タブ） ……… 242
スライドショー ………………………………… 230
スライドショータブ（アルバム設定） ……… 221
スライドショーモジュール …………………… 43
スライドの長さ ………………………………… 230
正方形グリッド ………………………………… 36
設定（環境設定：一般タブ） ………………… 238
設定をコピー …………………………………… 146
設定をペースト ………………………………… 147
説明 ……………………………………………… 224
セピア調 ………………………………………… 126
セル ……………………………………………… 214
セルパネル ……………………………………… 209
線形グラデーション ……………………… 39, 152
選別表示 …………………………………… 51, 186
ソースフィルター ……………………………… 190

た〜と

ターゲット調整ツール ………………………… 94
タイトル ………………………………………… 224
ダウンロードを許可（アルバム設定） ……… 221
タブレット端末 ………………………………… 182
段階フィルター …………………………… 152, 154
中間調 …………………………………………… 74
著作権情報 ……………………………………… 31
追加 ……………………………………………… 35
追加外部エディター（環境設定：外部編集タブ） … 239
ツールストリップ ………………………… 19, 52
ツールバー ………………………… 48, 52, 208
ディテール ……………………………………… 36
ディテール・フルスクリーン ………………… 36
ディテールパネル ………………………… 53, 104
テザー撮影 ……………………………………… 180
テンプレートブラウザーパネル ……………… 209
トーンカーブ ……………………………… 90, 92
トーンカーブパネル ……………………… 53, 94
ドラフトモードプリント ………………… 216, 217

トリミング ……………………………………… 100

な〜の

ナビゲーターパネル ……………………… 49, 53
ノイズ軽減 ………………………………… 103, 104

は〜ほ

背景（環境設定：インターフェイスタブ） … 241
背景光（環境設定：インターフェイスタブ） … 241
ハイライト ……………………………………… 76
場所（環境設定：プリセットタブ） ………… 239
場所を表示（アルバム設定） ………………… 221
バックアップ …………………………………… 33
バックアップ（カタログ設定：一般タブ） … 242
パネル（環境設定：インターフェイスタブ） … 240
パネルの折り畳み／展開 ……………………… 45
パネルの表示／非表示 ………………………… 44
パノラマ結合 …………………………………… 170
パラメトリックカーブ ………………………… 29
バランス ………………………………………… 30
範囲マスク ……………………………………… 164
パンとズーム …………………………………… 231
比較表示 ………………………………………… 51
ピクチャパッケージ …………………………… 214
ヒストグラム …………………………………… 77
ヒストグラムパネル ……………………… 49, 53
ヒストリー ……………………………………… 60
ヒストリーパネル ……………………………… 53
微調整（環境設定：インターフェイスタブ） … 241
ビデオを書き出し ……………………………… 233
ファイル解像度 ………………………………… 217
ファイルの寸法を指定 ………………………… 217
ファイル名（変更） …………………………… 194
ファイル名の生成（環境設定：ファイル管理タブ） … 240
フィルターブラシ ……………………………… 160
フィルムストリップ ……………… 48, 52, 208
フィルムストリップ（環境設定：インターフェイスタブ） … 241
フォトプラン（1TB） ………………………… 16
フォトプラン（20GB） ……………………… 16
フォルダーパネル ……………………………… 49
フチなし ………………………………………… 210
ブックモジュール ………………………… 43, 226
フラグでフィルター …………………………… 187
フラグなし ……………………………………… 191
ブラシ …………………………………………… 39
フラット ………………………………………… 206
プリセット ……………………… 20, 127, 128, 150

254

索引

プリセットパネル …………………………………… 53
プリセットホワイトバランス ……………………… 68
プリセットをコピー ………………………………… 151
フリンジ ……………………………………………… 98
プリンター …………………………………………… 210
プリント ……………………………………………… 210
プリント解像度 ……………………………………… 216
プリントジョブパネル ……………………… 209, 216
プリント調整 ………………………………………… 217
プリントモジュール ………………………………… 208
プレビューキャッシュ
　（カタログ設定：ファイル管理タブ）…………… 242
プレビューパネル …………………………………… 209
プロファイル ………………………………… 65, 66
プロファイル（プリントジョブ）………………… 217
プロファイルブラウザー …………………………… 67
プロンプト（環境設定：一般タブ）……………… 238
プロンプト（環境設定：インターフェイス）…… 245
ページパネル ………………………………………… 209
ヘッドルーム ………………………………………… 77
変形パネル …………………………………………… 53
編集 …………………………………………………… 38
編集（カタログ設定：メタデータタブ）………… 243
ポイントカーブ ……………………… 29, 90, 137
ぼかし ………………………………………………… 174
ぼかし（フィルターブラシ）……………… 161, 163
補正ブラシ ………………………………… 118, 162
補正前／補正後 ……………………………………… 58
ホワイトバランス …………………………………… 68
ホワイトバランス選択ツール …………………… 108

ま〜も

マイフォト …………………………………………… 199
マイフォトパネル …………………………………… 37
マイフォトを検索 …………………………………… 37
前の設定 ……………………………………………… 53
マスク ………………………………………………… 113
マスクオーバーレイ ………………………………… 119
マッチング方法 ……………………………………… 217
マップモジュール …………………………… 43, 202
密度（フィルターブラシ）………………………… 161
明暗別色補正 ………………………… 30, 127, 139
明暗別色補正パネル ………… 53, 133, 137, 139, 141
明瞭度 ………………………………………………… 84
メールアドレス（環境設定：アカウント）……… 244
メタデータ …………………………………… 24, 205
メタデータの読み込み（環境設定：ファイル管理タブ）… 240
メタデータパネル …………………………………… 49

メタデータを表示（アルバム設定）……………… 221
モジュール …………………………………… 24, 42
モジュールピッカー …………………… 42, 48, 52, 208
元画像を含むスタック（環境設定：外部編集タブ）……… 240
モバイル版 Lightroom CC ………………………… 40

ゆ〜よ

ユーザープリセット ………………………………… 151
ユーザー名（環境設定：アカウント）…………… 244
ゆがみ ………………………………………………… 122
用紙種類 ……………………………………………… 216
用紙設定 ……………………………………………… 210
余白 …………………………………………………… 212
読み込み（環境設定：一般）……………………… 245
読み込みオプション（環境設定：一般タブ）…… 238
読み込み時の連番
　（カタログ設定：ファイル管理タブ）………… 243

ら〜わ

ライブラリフィルターバー ……………………… 204
ライブラリモジュール ……………………………… 48
リモート撮影用ソフトウェア …………………… 181
リモートライブビュー撮影 ……………………… 182
粒子 …………………………………………………… 130
流量（フィルターブラシ）………………………… 161
ルーペ表示 …………………………………………… 50
ルーペ表示タブ（ライブラリ表示オプション）… 247
レイアウトスタイルパネル ……………………… 209
レイアウトの変更 ………………………………… 228
レイアウトパネル ………………………………… 209
レイヤー ……………………………………………… 179
レーティング ……………………………………… 188
レーティングの不等号 …………………………… 190
列 …………………………………………………… 206
レンズ収差 …………………………………………… 96
レンズプロファイル ……………………… 96, 122
レンズ補正パネル ………………… 53, 97, 122
連番と日付 ………………………………………… 195
ローカルストレージ（環境設定：ローカルストレージ）… 244
ログデータ ………………………………………… 202
露光量 ………………………………………………… 72
歪曲収差 …………………………………………… 122

■ お問い合わせについて

本書に関するご質問については、本書に記載されている内容に関するもののみとさせていただきます。本書の内容と関係のないご質問につきましては、一切お答えできませんので、あらかじめご了承ください。また、電話でのご質問は受け付けておりませんので、必ずFAXか書面にて下記までお送りください。
なお、ご質問の際には、必ず以下の項目を明記していただきますようお願いいたします。

1　お名前
2　返信先の住所またはFAX番号
3　書名（今すぐ使えるかんたん　Lightroom RAW現像入門 [Lightroom Classic CC ／ Lightroom CC対応版]）
4　本書の該当ページ
5　ご使用のOSとソフトウェアのバージョン
6　ご質問内容

なお、お送りいただいたご質問には、できる限り迅速にお答えできるよう努力いたしておりますが、場合によってはお答えするまでに時間がかかることがあります。また、回答の期日をご指定なさっても、ご希望にお応えできるとは限りません。あらかじめご了承くださいますよう、お願いいたします。ご質問の際に記載いただいた個人情報は、ご質問の返答以外の目的には使用いたしません。また、ご質問の返答後は速やかに削除させていただきます。

■ 問い合わせ先

〒162-0846
東京都新宿区市谷左内町21-13
株式会社技術評論社　書籍編集部
「今すぐ使えるかんたん　Lightroom RAW現像入門
[Lightroom Classic CC ／ Lightroom CC対応版]」質問係
FAX番号 03-3513-6167　／　URL：http://gihyo.jp/book

■ お問い合わせの例

FAX

1　お名前
技術　太郎

2　返信先の住所またはFAX番号
03-XXXX-XXXX

3　書名
今すぐ使えるかんたん
Lightroom RAW現像入門
[Lightroom Classic CC ／
Lightroom CC対応版]

4　本書の該当ページ
183ページ

5　ご使用のOSとソフトウェアのバージョン
Windows 10
Lightroom CC

6　ご質問内容
キーワードが入力できない

今すぐ使えるかんたん
Lightroom RAW現像入門
[Lightroom Classic CC ／ Lightroom CC 対応版]

2018年7月10日　初版　第1刷発行

著　者 ● 北村　智史
発行者 ● 片岡　巖
発行所 ● 株式会社 技術評論社
　　　　東京都新宿区市谷左内町21-13
　　　　電話　03-3513-6150　販売促進部
　　　　　　　03-3513-6160　書籍編集部
モデル撮影 ● 西村　春彦
モデル ● 鈴木　薫（株式会社オスカープロモーション）
編集／DTP ● オンサイト／中村　知子
担当 ● 鷹見　成一郎
装丁 ● 田邉　恵里香
本文デザイン ● 株式会社リブロワークス／技術評論社
製本／印刷 ● 大日本印刷株式会社

定価はカバーに表示してあります。

落丁・乱丁がございましたら、弊社販売促進部までお送りください。交換いたします。
本書の一部または全部を著作権法の定める範囲を超え、無断で複写、複製、転載、テープ化、ファイルに落とすことを禁じます。
©2018　北村　智史

ISBN978-4-7741-9831-6 C3055

Printed in Japan